多様性工学

個性を活用する
データサイエンス

中田亨［著］

日科技連

まえがき

本屋に置いてある本がすべて同じ本だとしたら、これほど馬鹿馬鹿しいものはないだろう。本にせよ、料理にせよ、人材にせよ、世の中の大抵の物事は、多様なものを取り揃えているからこそ、個々の価値が引き立つのだ。しかし、例えば本を「資産」として帳簿に記録するときには「本の単価×冊数分の金銭的な価値がある」と素っ気ない査定をするしかない。こんな査定は本当の価値からは大きくかけ離れているが、他に有力な査定方法がないがゆえにしばしば実行され、混乱をもたらしている。多様性は大事だと知りつつも、それを分析したり制御することに、我々は慣れていない。

大学で卒業研究を指導していて、研究のセンスがあると感じさせる学生は、多様性の扱い方が巧みである。そもそも世界は多様なものの集積であり、多様であるからこそ価値を引き出すことが研究の目的となる。平均や中央値といった代表値だけを測っても、何もわかったことにはならない。ルーブル美術館を、その代表作品であるモナリザ１枚だけで語るのは不可能である。

研究とは踏み込んで考えることである。「大多数の日本人は味噌汁を好む。だから味噌汁を売ればよい」と荒っぽい議論では浅すぎる。「味噌汁を好まない少数派の人々はどうなっているか？」と観察対象に接近するべきなのだ。センスのある学生なら「少数派のなかにもメジャーな派閥があって、その特徴を調べれば、そこそこ有益な結論を出せるのではないか」と研究の目星をつける。

服装の流行を調べる研究なら、「去年の服装と今年の服装の差を測る」ということになり、平凡にやるなら、「両者の平均値をとって引き算せよ」となる。だが、「服装の平均値」なるものはあるのだろうか？　スカートとズボンの平均とは何だろう？　禅問答のような話となって頓挫する。

趣味嗜好の世界は多様であることに価値がある。コレクションを収集し、多様なサンプルの一つひとつを尊重することが、分析者として正しい態度である。世の中に存在する何万種類ものスカートとズボンの大集団に素直に対峙する。

「大集団から、何が消え、何が増えたか」で、流行の動きを語るほうが、結論に実りが多い。

多様性を勉強しようとすると、なぜか特定の狭い分野の話題に引き込まれてしまう。世間的に「多様性」といえば、エコロジー分野での「生物多様性」か、人間社会での少数派保護という文脈での「社会の多様性」の、2つに話を絞られる。そのせいで多様性を扱う書籍を検索すると、この2つの関連書が占める。一方、これら以外の分野は「多様性」に特段の関心をもってこなかった。むしろ観察対象の「多様性」は分析の邪魔で、平均を計算するなどして、ばらつきを無視することが普通であった。本来、「多様性」は幅広い分野に共通する重要事項であるのに、その利用法を学ぶ機会が少ないことは問題である。

本書では、多様性を「物事の多種性・取り揃えの広がりであり、物事の質や影響力を左右する重要事項」と捉えたうえで、その目的を「多様性をコントロールする技法を集成すること」とした。

多様性は、他者との違いがあってはじめて議論ができる、いわば「関係」の情報である。それは、どのように違うかという質と、どれだけ違うかという量という2つの側面から成り立っており、片方だけに注目しても意味がない。標準偏差などで量を分析する技法程度は学校でも習うが、それだけでは多様性の活用には至らない。本書で多様性の全体像およびその本質を示せたと思う。

本書が想定する読者は、モノ・ヒト・コトの多様性に対応する立場の“実務者”の皆さんである。この場合の“実務”は、学生のアルバイトや日々の家事から、高度な経営判断に至るすべての人間の作業を含んでいる(とはいえ、本書で提示した事例はビジネスパーソンを想定した内容になっている)。

このように“多様”な読者を想定したのは、どのような仕事でも、結局は多様性の問題に行きつくためだ。老若男女問わず、人は多様性を相手に日々作業や仕事をしているようなものである。多様性ゼロのワンパターンな仕事は味気ない。我々は、「どこまで状況に対応し、どう成果物を取り揃えるか」に心を砕いている。多様性を制するものはすべてを制するのである。

多様性は、実に広汎な分野に顔を出す。事の成否や死活に関わる重要要素でもある。多様性の制御や競争戦略の技術も必要となる。それを観察し分析するには、平均を計算するだけでは済まず、多様性を扱うための専用のデータサイエンスが求められる。

- 品質管理では、製品のばらつきを減らす、つまり多様性の削減こそが目標となる。
- マーケティングでは、店舗にどれだけ多様な商品を取りそろえるかという、多様性の最適値の探索がテーマである。
- 工業製品の世界では、多様性が競争のきっかけとなる。コンピュータなら Windows と Macintosh、ビデオなら VHS とベータマックスといった、多様な技術方式が乱立するがゆえに、シェア争いが起こり、企業の栄枯盛衰を織りなしてきた。
- 金融のリスク管理では、一つの投資先に集中すると大損しかねないから、分散投資することが鉄則だ。
- 災害は「1000 年に 1 度の大地震」といった例外的な事象にこそ対策せねばならない。頻度が少ないからといって無視できない。自然の多様性を把握しておく必要がある。

多様性に関する知見は、数多くあるが、さまざまな学問分野に散らばっていて、その全体像は把握しづらい。また、なまじ理工系の実務に詳しいと「多様性は、正規分布を仮定して、エントロピか何かで測れば、それで一丁上がりではないか」という常識的ながら手垢のついた作戦に飛びついてしまって、多様性を丁寧に見ようとする動機は薄らぎがちである。

多様性には、不思議な側面がある。多様性は自己矛盾の傾向があって、「多様であるものは多様でない」という状況が成り立つことが多いのだ。映画や音楽は、既存のものの二番煎じでは価値がなく、「すべてがオリジナルであり、多様でなければいけない」という宿命にある。だが、ハリウッド映画ばかりが幅を利かしていたり、特定の人気歌手ばかりがヒットするというマンネリズムが潜んでいる。電気の街、秋葉原に代表される専門店街という現象も不思議だ。数多くの専門店のなかに、秋葉原でしか売っていないようなレアな商品を見つけることができる。一方、同業の店ばかりが集中している点を見れば、街としての業種の多様性は極端に低いといえる。

こうした現象から学べることは、「多様性は単に統計学や生物学の理論だけで説明できるものではなく、人間が多様性をどう感じ、どう制御してきたかを反映している」ということである。本書では、数理から人間の主観までとりまとめて、多様性の世界を巡っていきたい。

2021年1月

中田　亨

<本書で想定する読者の要望と、本書での解説箇所>

- 「まだ遭遇していない新種はどれほどいるのか知りたい」→ **3.4節**
- 「多様性の度合いを定量的に測りたい」→**第1章**
- 「多様性からメリットを引き出したい」→**第1章と第5章**
- 「多様性をコントロールしたい」→**第2章と第5章**
- 「多様な天災のなかでも、非常に稀な天災現象についてリスク管理したい」→ **3.4節と5.1節**
- 「(本や映画のように)同じ物が2つあっても無意味といえる、個性に価値がある物事を分析したい」→ **5.3節**
- 「やたらと項目が多い、高次元データを分析したい」→**第3章と第4章**
- 「不動産物件のようにやたらと項目が多い商品のなかから、顧客にマッチするものを選びたい」→ **5.2節**
- 「集団全体の平均像よりも個々の差や派閥の様態を分析したい」→ **4.3節**
- 「自らの競争力を高めるやり方を知りたい」→**第5章**
- 「多様性は安全を毀損しないか、あるいは安全に貢献できるかを知りたい」→ **5.5節**

多様性工学

—個性を活用するデータサイエンス—

目　次

第1部

多様性工学の理論

「多様性は、どのような役割を果たすか」「数理的にはどのように捉えられてきたか」「分析のどこが困難であったか」「これからの分析はどう変わるか」　これが第１部の主題である。

自然界の生物種や人間社会での商品群が、極めて多様な要素から成り立っていることからわかるように、多様性自体に大きなメリットがあり、複雑な関係を形成するメカニズムがある。その成り立ちを見ていこう。

多様性の分析では、物事の個性に注目する。全体ではなく個々の事例の特徴を見るのである。通常の統計分析で基本となる平均など全体の特徴を求めることに用はない。平均は簡単に計算できるが、個性の分析は一筋縄にはいかない。物事がばらばらすぎるとデータの法則性を見つけにくくなる。個性的な種は数が少ないものだが、そのような希少種をすべて発見できているのかの保証はなく、むしろ新種発見に驚かされるのが常だ。第１部では、これらの困難への対処法を紹介していこう。

第1章
多様性の意味と意義

本章では、まずはジャンルを限定せず、多様性の意味や意義、基本的概念を見ていこう。

1.1　多様性の効用—多彩なことはいいことだ

理論の話に入る前に、そもそも多様性にはどんなメリットがあるか考えよう。多様性が高いものには、次のような利点が備わる。

(1)　幅広い事態に対応できる

牛丼しかメニューにない食堂よりも、和洋中すべてがあるレストランのほうが、顧客の幅広いニーズに対応できる。二大政党制では、政党が2つしかないがゆえに、自分の意見にぴったり一致する政策を掲げる政党を見つけることは難しいが、多党制ならばそのチャンスは広がる。

鶏鳴狗盗（けいめいくとう）という故事成語がある。古代中国の戦国時代(前453～前221年)の斉の国に、孟嘗君（もうしょうくん）(前279年頃)[1]という有力者がいた。伝説によれば、彼は多彩な人材を自分の下に集めていた。なかにはニワトリの鳴き声の物まね芸人や、犬のようにうまく盗む泥棒すら抱えていた。物まね芸人や泥棒は政治の役

1)「父の領地を受けつぎ、門下に食客数千人を養い、魏の信陵君、趙の平原君、楚の春申君とともに戦国四君の一人に数えられる。秦の昭王は彼の賢なることを聞き、前299年に宰相とするために秦に招き、ついで殺そうとしたが、食客のはたらきで危地を脱し、無事斉に帰り着いた。これが有名な鶏鳴狗盗の故事である。のち斉のみならず魏の宰相にも任ぜられたが、前284年以後は自立して諸侯となり、薛（せつ）で没した。」(『世界大百科事典』)

に立たないように見えるが、孟嘗君が敵国に捕まったとき、彼らの一芸のおかげで脱走に成功した。「手持ちの手段は多ければ多いほどよい」ということである。

自動車がアクセルペダルだけあっても、ハンドルがなければ曲がることはできない。舵が切れなければ、鉄道のように線の上でしか移動ができず、２次元平面を縦横無尽には動けない。２次元移動には、アクセルとハンドルの２自由度が必要なのだ。つまり、「多様な事物を制御するには、制御対象を上回る多様性を帯びていなければならない」ということになる。これを**アシュビーの必要多様性の法則**(Ashby's Law of Requisite Variety)という。

しかし、舵を切るためのハンドルがない路面電車でも、分岐点にさしかかると、運転手は自分で進む方向を選択できる。電車が分岐点に進入するタイミングに応じて、分岐方向を制御できる特殊な仕掛けがあるためで、少し不自由だが用を足せる。また、「光学顕微鏡は光の半波長より短い空間分解能をもてない」といわれてきたのに、いまではその限界を突破する超解像顕微鏡が使われている。これは、時間で光の波長を切り替えて自由度を増やしているのである。

このように自由度には、別の次元に折りたたんで潜ませることができる性質があり、特に時間軸は潜り込ませるのに好都合である。そのため、アシュビーの必要多様性の法則に一見すると反するような事例が工学の世界で散見される。

(2)　豊かさや健全さの証拠となる

豊かさは多様性を高める。その結果、多様性は豊かさのバロメーターとなる。

気象環境が過酷な極地では生物種の数は少ない。一方で、太陽エネルギーと水の供給が豊富な熱帯雨林では、膨大な種類の動植物がいる。追い風を受けて急成長している産業分野では数多くの企業が存在し、その商品も多彩だ。斜陽産業では倒産や統廃合の結果、ごく少数の企業しか残らなくなる。

多様性は、健全さや適切さの証拠ともなる。

高度成長期(1955 ～ 73 年)の日本の都会の川は、生活排水や工業廃水が垂れ流しにされていて極めて汚かった。生き物といえば、水を濁らす藻ぐらいしかなかった。そんな川の水を飲めば健康を害することは明白である。田舎の清流ならば、多種多様な魚や虫、鳥、植物が見られるし、その水は上水に適することだろう。生物が多様な川のほうが、健全なのである。

食事は、おかずが多様なほど豪華に見える。東アジアでは陰陽五行思想に則(のっと)り、食材のバランスをとる傾向が顕著だ。たとえ全体の量は多くなくても、松花堂(しょうかどう)弁当のように多種の総菜を小分けで食べられるように工夫する。

「取締役会や、部署内のリーダー会議といった実務上大事なミーティングで、10人の出席者の全員が男性だった」といった事態はしばしば見かける。メンバーを選択する過程で、個々人の能力だけを見て、性別は完全に無視したなら、男女比がおおよそ半々になっていなければおかしい。10人の出席者が偶然に全員男性となる確率は50%の10乗(1024分の1、すなわち0.1%)である。かなり強烈な数字であるから、「男性過剰は偶然ではなく作為的な原因による」と見なすべきだろう。ここでいう作為とは、要するに性差別(男尊女卑)であり、多様性の乏しさが差別の動かぬ証拠となる。

飛行機の歴史を見ると、その草創期においてアメリア・イアハート(1897～1937年)やハンナ・ライチュ(1912～79年)といった命知らずの女性飛行士が目立つ。新技術の分野では、女性の参入を拒む社会構造が未成立で女性の活躍は珍しくない。しかし、特に国内の機械工学や電気工学の分野においては、女性の割合が極端に少ない。「伝統的な工学は男の仕事」というイメージが成立しているためか、大学受験の段階で女性から敬遠されている。性比の偏りは重大な国の問題である。本来なら登用すべき有能な人材の半数を取り損なっているのだ。これで世界を相手に競争に勝てるわけがなく、衰退するばかりである。

男女比は、国や世界全体が抱える問題を露呈させる。国連人口基金による『世界人口白書』の2020年版によれば、世界では1億4,000万人の少女が「消失」しているという。男の子に比べ、女の子の数が不自然に少ないのである。女子は男子とほぼ同数生まれるはずだが、現実には出産前の性選択や育児放棄によって女子が少ない。「跡取り息子は欲しいが女の子は重要ではない」という、男児選好の価値観は世界中に見られるが、その結果である。逆に、紛争地帯では男性が戦死するので、その数は少ない。

社会や組織が健全でなければ性比は自然な値からずれる。表向きには生活水準を自慢している国でも、人口男女比のデータを見れば、それが真実か否かがわかる。秘密主義を強権的に徹底している国家や企業でも、さすがに男女の人数は公表しているので、そこから内部の実相をうかがうことができる。

(3)　個体識別ができるようになる

呼び名や外見的特徴が多様性をもっていればこそ、個々の識別ができるようになる。すべての人間が同じ顔をしていたり、同じ名前を名乗っていては、誰が誰やら見分けがつかず、社会が成り立たないだろう。

合言葉にも多様性が必要である。例えば、職場の全員でプリンタを共用する際、1つのパスワードをみんなで使いまわすことがしばしばある。これでは「誰が使っているのか」が確かめられないから、セキュリティ上で懸念すべき点となる。このような可能性があるので、セキュリティに厳しい会社では、紙の印刷物すべてに固有番号を加刷し、「誰がいつ何を印刷したか」が追跡できるようにしてある。社内の秘密情報を漏えいさせないために牽制しているのだ。

「呼び名の多様性が不足してしまう」トラブルはしばしば起こる。インターネットのIPアドレス番号や、商品のバーコードの番号も、当初は少ないレパートリーであったが、時代を経るにしたがってだんだんと対象の数が増えてきてしまい、後づけで拡張されてきた歴史がある。

これに関して**鳩の巣原理**という数学の論法がある。これは「N羽の鳩がM個の巣箱に収っているとき、$N>M$ならば、少なくとも1つの巣箱には2羽以上入っている」という当然の理である。この原理に従えば、「名前の多様性よりも個体数が多ければ、同姓同名がどこかで必ず起こっている」といえる。

表意文字である漢字は、仮名やアルファベットなどの表音文字に比べ、種類がとてつもなく多く、多様性は突出している(**1.2節**(3)脚注5(p.16)参照)。それゆえ、漢字は1文字だけで、表音文字なら何文字も要するような、かなり限定した意味を表現・識別することができ、文字数に関しては効率が良い。

中国人や日本人の名前をアルファベットで表記すると、漢字の多様性が抜け落ちてしまい、同姓同名が多発する。この問題があるせいで、漢字抜きかつアルファベットだけで世界規模の人名を扱う種々のサービスの性能は、どれもいまいちである。例えば、論文検索サービスで中国人の著者名で検索すると、同姓同名の著者の論文がやたらとヒットしてしまい、所望する情報は間違いヒットの山のなかに埋没(まいぼつ)してしまう。

(4)　匿名性を保護する

顧客の購買データを分析して、「東京都在住のポロシャツを買った男性は、書籍も買う傾向があった」という結論が出たとしよう。これを公表しても、誰のことか特定できないので、苦情は出ないだろう。しかし、「東京都千代田区岩本町１丁目在住の青いポロシャツを買った20代男性は、キリスト教の書籍も買う傾向があった」と、より詳細にしてしまうと問題である。常識的に対象者を見積もれば、「おそらく該当者は１名ぐらいしかいない」とわかるだろう。この結果を公表してしまうと、特定の個人の思想信条にかかわる事項をばらしてしまうことになる。個人が特定されるのであるから個人情報の漏えいである。

統計データを使う際に、個人情報がもれないように注意せねばならない。そのためには、該当者が少数人に絞れない程度にカテゴリを粗くし、カテゴリ内の多様性を保護する必要がある。このように該当者が k 人にまでしか絞れない状態を ***k*- 匿名性**という(**5.5 節**(5))。

(5)　一挙的全滅を防ぎ、リスクを減らし、安定をもたらす

リスク管理の意味からも多様性は極めて重要である。

全財産を、たった一銘柄の個別株に投資するのは危険である。その株が暴落した際に、大損するからである。米国では「すべての卵を１つの籠に入れるな(Don't put all your eggs in one basket)」ということわざが有名だ。分散しておけば、一度にすべてを失うことはない。分散投資(複数の株や金融商品に分散すること)をしておけば、個々の銘柄に暴落するリスクがあるにせよ、個別

の被害は全体から見れば部分的である。「すべてが同時に暴落する可能性は低い」という前提が成り立つ場合には、分散投資が最良といえる。

例えば、クライスラー社の会長だったアイアコッカ（1924～2019年）は自伝で、大衆向けの廉価な車種は大事だが、不況時には上流階級に高級車が売れるので、不況への備えとして高級車のラインナップをもつのだと述べている。

江戸時代（1603～1867年）には、稲や大豆など商品価値の高い作物ばかりを作ってしまった藩は、冷害によって作物が全滅したとき、飢饉を招いた。救荒作物も併せて育てるという多様性が安定には必要だ。

産業の安全でも多様化は大事である。例えば、会社のコンピュータがすべて同じ形式なら、たった一つのウィルスに、すべてのコンピュータが感染してしまうかもしれない。あえて別形式の機材を混ぜて使うことで全滅は防げる。

機械の安全装置が、すべて電気を必要とするものだと、停電した場合には当然、安全装置がすべて無効になってしまう。せっかく複数の装置を設置したのに、たった１つの原因だけですべて故障してしまうことを**共通原因故障**という。これは、安全の前に立ちはだかる手ごわい敵である。

共通原因故障を避けるため、安全装置に多様な形式を取り混ぜて使うことが高度な安全への定石となる。しかし、「安全装置の形式を違えたつもりでも、いざというときに有効に働かなかった」という事故事例も多い。例えば、安全装置の配線や配管が、すべて一カ所を通っている場合、その部分を破壊されると、すべてが断線し安全装置はどれも無効となる。

遺伝学に目を向けると、有害な遺伝子のリスクを回避し、有益な特徴を獲得するのに多様性が役に立つことがわかる。例えば、潜性の有害遺伝子が存在しても、それが２つそろわないかぎり症状を呈しない。近親婚ではそろってしまう確率が高まるので、遺伝的疾患のリスクが生じる（**2.1節**（8）脚注14（p.57）参照）。逆に、多様な交配をして雑種を作ることで有益な特徴を出現させることもできる。これを**雑種強勢**という。我々が日頃食べている野菜の多くは、**一代雑種品種（F1品種）**とよばれるもので、両親の良い特徴を兼ね備えたものである。

(6)　競争を生む

多様なものが併存していれば、そこに競争が生まれ、改良が促される。

人間の集団では、しばしばリーダーに権力が集中するが、独裁にならないように権力の分散と多様化が図られている。集団としてまとまった行動をするためには、多数決などで意見を1つだけに絞る必要がある。しかし、完全な独裁体制は、自制できずに暴走することが多いし、後継者争いも熾烈(しれつ)化する。現代的な統治では、三権分立や地方自治、企業監査のように、権力の主体をある程度多様にすることで相互に牽制と競争をさせ、切磋琢磨(せっさたくま)することを狙っている。

経済学で市場の独占は、競争を妨げるものとして、否定的に捉えられている。1社が市場のすべてを占めているならば、価格はその社の言い値がまかりとおり、おそらくは割高な値段をふっかけられるだろう。また、ライバルがいないため、商品を改良する動機が起こらず、劣悪なものが提供されることになる。こうした考え方にもとづいて、公共の利益を図るために独占禁止法が制定され、企業分割も実行されてきた。

一方で、私的な利益を図るために、分社化(企業分割)が起こることがある。自社内の部門を分社化して、独立した企業体とすることで、マネジメントで小回りが利く企業規模とし、またコスト感覚を鋭敏にさせ、改革への努力を促すのである。さらには、旧母体が分社の株を売却して資本関係すら断つ場合もある。これは、一見破門のように過激な縁切りに見えるが、旧母体からの干渉がなくなる分、自由で合理的な経営ができるという利点があり、企業価値が高まることもある。経営陣による企業買収(マネジメント・バイアウト)や、従業員による企業買収(エンプロイー・バイアウト)では、経営の独立を求めて、新たな資本が経営を担うのである。

この逆の例もある。巨大組織が取引先企業を合併してしまい、その一部になったせいで意思決定のスピードが損なわれるのである。また、組織の敷地や建物、総務的部門、ブランドの価値といった組織内共通の基盤的資産について、それらから得られる利益の定量化は難しいし、曖昧になりがちなので、コスト意識が鈍くなる危険性は高い。

とはいえ、企業合併にせよ分社化にせよ、それぞれ得失があり、一概にどちらか一方が良いとはいえない。巨大な組織のほうが有利な環境では、財閥（**2.1節**(7)脚注13(p.56)）や巨大IT企業といった国家に匹敵するほどの大企業が生まれる。「どこまでの範囲を自社や自社グループでカバーするべきか」という「企業の境界」の問題は、経営学にとって永遠のテーマともいえる。

(7)　新しいものを創造する

多様なもの同士が出会う場では、新規なものが生まれやすい。ゼロから新規なものを創造するより、既存物の新規な組合せを試みるほうが容易である。

例えば、ジャズ音楽は、今では米国を代表する音楽のように捉えられがちであるが、アフリカの音楽と西洋音楽の混合の結果、新たに生まれたジャンルである。また、明治期に日本から輸出された浮世絵は、西洋の絵画の潮流を変えた。このように、多様なものの接触は、さらに新しいものを生む。

イノベーションには、地理的に狭い範囲に才能をもつ人間が集中することが、なかば必要条件といえる。シリコンバレーやトキワ荘のように、人々の距離が近く、簡単に出会える場なくして、新たなムーブメントが起こるはずもない。

(8)　機械学習を成功させたり、人工知能を賢くする要素になる

今をときめく人工知能も、多様性の豊かなデータなくして、より賢くはなれない。現代の人工知能の花形は、深層学習に代表される機械学習（**3.8節**）だが、これは過去に経験したデータを分析し法則性を見つけ出したり、最善の戦略を編み出す手法である。

例えば、「月曜日の午後３時に男性客がシャンプーを買う事例が７件あった」という購買データが得られたとしよう。これだけを見て単純に性急な結論を出せば、「シャンプーは月曜日によく売れる」とか、「シャンプーを買う客は男性である」といった命題が生まれる。これらは**偽相関**、つまり「本当は無関係なデータ項目なのに、たまたま相関関係があるように誤解しただけの、普遍性のない命題」である。加えて、機械学習の条件設定を間違えた場合、「シャンプ

ーは月曜日以外は売れない」とか「男性以外は買わない」といった、手元のデータにだけ媚びすぎた極論を出してしまうおそれがある。これを**過学習**という。

偽相関や過学習を打ち消すには、「火曜日にシャンプーが８本売れた」とか、「女性がシャンプーを９本買った」などの反例を含む、より広い多様なデータを入手せねばならない。そのため、すべての項目について大小すべての組合せが万遍なくそろっているデータが望ましい。つまり、気温で「暑い／寒い」の２種、年齢で「若い／高齢」の２種があり得る場合、この２項目の組合せの全４パターンがデータに含まれていることが要求されるのである。もしデータがそろえられなければ、「暑い日には若い客はいない」といった偽相関を抱えてしまう。

学習用データの多様性は、バリアンス(variance)とよばれる(通常、varianceは統計学用語の「分散」の意味なので、混同しないように)。「学習データがどれほどのバリアンスを備えるか」に応じて、機械学習の性能が決まるため、人工知能関係の企業は大金をつぎ込んで、できるだけ多様なデータを集めている。例えば、ある病気について、日本国内の患者だけから得たデータのバリアンスは大きくないが、日本とは全く風土や人種構成が違う他国のデータが得られれば、データのバリアンスはかなり大きくなる。しかし、そのようなデータの収集には莫大なコストがかかる。このコストを払える企業だけが、高性能の機械学習を我が物にできるので、人工知能の業界には多様性をめぐる資金力競争という一面がある。その反面、どんなに金をかけても**次元の呪い**という問題があり、データのバリアンスはなかなか上がらない。なぜなら、データ項目が１つ増えるたびに、偽相関を防ぐのに偏りのないデータが求められるからである。上記の例では項目はわずかに数個だが、それだけでも数千パターンのデータを用意しなければならない。項目の次元がさらに増えると、データの必要量が天文学的数字になってしまい、現実的な活用は不可能となる。

(9)　多様性それ自体に魅力があり、併売を誘う

食事のメニューが毎日同一だとしたら、たとえそれが栄養上完璧な食事だっ

たとしても、飽きてしまう。どのような名曲でも、そればかりを毎日何年も聴き続けることはできない。つまり、変化があることや選べること自体に感性的な価値があるのだ。

人間はコレクションに魅力を感じ、ものを集めることに誘惑を感じる。例えば、しばしばお菓子の景品にカードやシールがつけられる。カードが何種類もあると、人間はそれをすべてそろえようとして、お菓子を大量に買う。しかも、カードの数が不均一にされていて、レアものがあったりすると、収集欲に拍車がかかる。

郵便切手は、料金の決済という役目を果たせさえすれば絵柄は何でも構わない。それを利用し、数量限定で珍しい記念切手が発行される。珍しい切手は収集の対象となって売れる一方で実用品とは言いがたく、希少性以外にほとんど価値はない。しかし、それこそが高額で取引され得るポイントなのである。

店頭では、多種多様の商品が展示されており、見ているだけで楽しくなる。店側は「来店したときに買う気がなかった客であっても、収集欲からつい買ってしまう」という併売効果を期待しているし、セールスの実務において複数の商品を抱き合わせで販売できる利点は大きい。

嗜好品や趣味の世界の商品は、希少性こそが価値の大半を占める。服飾や自動車、ワイン、飛行機のチケットなどは、廉価品でも一応の需要は満たせる。それにもかかわらず、高額商品が売れるという経済的に不合理な事実の裏には、希少性を尊ぶ心理がある。この心理こそが経済のかなりの部分を動かしている。ちなみに、ドイツで屈指の大富豪は、お金がもったいないので飛行機はファーストクラスではなくエコノミークラスを使っているそうだが、ここまで合理的に生きられる人は少ないだろう。

(10)　知られざる効用を貯蔵する

「多様な集団のなかに、効用が潜んでいても、その効用が何なのか現時点ではわかっていない」ということがある。中国の大躍進政策[2]では、スズメは米を食べる害鳥として大量に駆除されたが、そのせいでスズメが捕食するはずだった害虫が増えてしまうという弊害が出た。生物多様性を減らすという試みは、思わぬ結果を生む。

今のところ使い道がない特徴であっても、あえてそれを統制せず、ばらばらのままにしておくことが、将来の役に立つこともある。

「売れ筋商品ではないが、わずかな需要があるので、絶版にせずに作り続けていたものが、何かのきっかけでバカ売れする」ということがある。今は押しも押されもせぬ一流芸能人であっても、はじめは鳴かず飛ばずで苦労し、ちょっとしたことで顔が売れて、あれよあれよと言う間に出世したというパターンは多い。だからこそ、大手の芸能事務所は所属タレントの多様性を高めに保つ。まさに「奇貨居(お)くべし」[3]である。

人間の指紋は、個人ごとに異なるという極めて高い多様性をもっている。しかし、多様であることの健康上の効用はない。どの指紋パターンが、獲物を捕らえるのに便利であるとか、病気にかかりにくいといったメリットはない(実は効用があるのかも知れないが、未発見である)。だが、将来において、何かの都合で特定の指紋だけが生存競争で有利になるという可能性がゼロとも言い切れない。多様性を高く保つことで、将来、大当たりになるかもしれない選択肢を捨てずにもっていると見なせる。ただし、何かの効用が事態をこうなるように誘導した結果というわけではなく、ただ現状がそうなっているに過ぎない。

1.1 のまとめ

多様性は、安全を守り、新しいものを創造する。

---

2)「1958～60年、毛沢東の提唱で展開された大衆運動による経済建設運動。現実から遊離し、自然災害やソ連の援助引上げなどもあり失敗。多くの餓死者を出すとともに、文化大革命に至る党内対立の出発点となった。」(『広辞苑』第七版)

3)「珍奇なものは、目下の用はなくとも、他日を期して手元に置いておくのがよいとの意。中国、戦国時代の秦(しん)の丞相(じょうしょう)(大臣)呂不韋(りょふい)が、若年にして商売に従事していたとき、秦の太子安国君の子の子楚(しそ)が趙(ちょう)の国の人質となり冷遇されているのをみて、子楚を商品に見立てていったことば。『史記』「呂不韋伝」が伝える故事。」(『日本大百科全書』)

1.2　多様性の弊害

多様であること、ばらばらであることには、弊害もある。実はそれらは多様性の効用と表裏一体ともいえる。

(1)　幅広い対応が必要でコストがかかる

メニューが多い食堂は、それだけ原材料を手広く準備せねばならず、また多数のメニューごとに調理法を学ばねばならない。調理に時間がかかる料理と、すぐにでき上がる料理とが併存していると、ある客には早く出せるが、その連れの客はずいぶん待たせてしまうといった不都合も生じる。コスト圧縮や効率性を考えるなら、牛丼専門店やハンバーガー専門店といった、メニューの多様性を減らした業態のほうが有利である。

工業製品の世界では、工業標準に従うことが定石である。標準に指定されている形と大きさだけに絞り込んで、部品を作り、売り、使う。全員がこれに従うことで、部品の仕様をゼロから取り決める手間が減り、部品の供給体制を低コストに維持できる(標準でない特注の部品は、調達コストが跳ね上がる)。

規格から外れた特注品には、**ホールドアップ**という問題もある。特定の納入先の１社でしか使わない特注部品を製造するための専用ラインを構築してしまうと、納入先がその部品を買わなくなればラインへの投資が無駄になるという弱みが生じる。納入先がその弱みにつけ込んで購買停止をちらつかせて、部品の価格を強引に値切るのである。

逆に、売り手がホールドアップを仕掛けてくる事例もあり、例えばコンピュータシステムの「1円入札」という現象が挙げられる。最初に、自社の手による特注のコンピュータを納入してしまえば、特注ゆえの互換性の欠如が他社への参入障壁(**2.3節**(1)脚注23(p.65))となって、その後の保守や拡張工事のすべてで、自社システムを選ばせ続けることが期待できる。よって、最初の入札ではどんなに安くても勝つべきであり、1円で入札する事例が実際に起こった[4)]。

取り扱い商品があまりに多様すぎることはブランドイメージをぼやかす。百貨店という業態は近年苦戦を強いられている。百貨とはいえすべての商品を売っているわけではない。かつては生活全体をカバーする広汎な商品をそろえることができたが、現代人の多様な生活をカバーすることはもはや無理である。そうなると、何を売っているかがわかりにくいという欠点が浮き出てしまう。客は欲しい商品があれば、その筋の専門店に足を向ける。昭和の頃は、企業でも学界でも「総合研究所」や「中央研究所」というネーミングが流行したが、これも部外者には印象が不明確である。いっそ「睡眠研究所」や「鉄鋼研究所」と限定した名前のほうが、断然覚えてもらいやすい。

(2)　品質管理がおろそかである印象を与える

そろっていないもの、混じりっけのあるものからは、雑に管理されているという印象を感じる。大型店では野菜は、同じような大きさや、色・形のものばかりが売られている。植物の造形がそんなにそろうはずはなく、厳しく選別した結果、そうなっているのである。ばらばらすぎては質が悪いように見える。

大学入試のランキングは、合格者のなかで一番成績の良い人ではなく、一番悪い人の「偏差値」や「合格可能最低点」で測られる。よって、あまりに多様な人材に入学を許すと、簡単に入れるレベルの低い学校と受けとられてしまう。

珍芸をもつ人材すら集めるという鶏鳴狗盗について、北宋(960 ～ 1127 年)の政治家・学者である王安石(1021 ～ 1056 年)は、「そういう妙な人材が周りにいるから、本当に有能な人材が集まらなかったのだ」と批判している。

---

4)　産経新聞社「富士通やヤフー、「1 円入札」過去にも問題に」(2019 年 11 月 20 日)には、以下の事例が掲載されている(https://www.sankei.com/affairs/news/191120/afr1911200029-n1.html)。

- 1988 年：富士通が広島市水道局のシステム開発を 1 円で落札し、NEC など大手 IT 企業の 1 円入札が相次ぎ表面化。
- 2005 年：財務省が国保有の近代金貨を売却するオークションの補助業務をめぐってヤフーなど 2 社が 1 円で入札し、受注。
- 2013 年：林野庁が実施した衛星携帯電話の調達に絡み、KDDI とソフトバンクグループが相次ぎ 1 円入札で契約したことが発覚。

(3) 情報処理の手間がかかる

多様なものは把握するのに手間がかかる。

実用上、邪魔なだけのばらつきがある。公園に集まっている人を数えようとするとき、服装や身長、立ち位置が個々人でばらばらでは数えにくい。使い道のない個体差は、余計なコストを生むだけである。人々が皆、同型かつ同色で、一直線に並んでいれば容易にカウントできるであろう。

表意文字である漢字は、種類が多すぎて、使用が難しい[5)]。膨大な漢字を辞書に登録し、使用者集団に学習させなければ普及できない。また、活字を大量に用意せねばならないのも非効率的である。これはコミュニケーションの道具としては大きな欠陥で、各国で漢字廃止運動が提起される原因となった[6)]。

物体の大きさと形は、何も統制をかけなければ、ばらばらであるが、そのままでは貯蔵や配送の管理が難しい。仮にすべての物体が合同の形状であれば、「トラックの荷台に商品があと何個入るか」といった状況把握が簡単にできる。それゆえ、通販ではたとえ商品が小さかろうが他と同じ大きさの箱に入れて配送する。また、薬の錠剤は、どれもだいたい同じ大きさになっているが、有効成分は薬によって量がまちまちである。しかし、薬の量の大小をいちいち識別することは面倒である。そのため、乳糖などで錠剤の形を作り、そこに手頃な量の有効成分を添加することで取扱いを簡単にしている。

---

5) 義務教育で学習する目安「常用漢字表」(2010年11月30日内閣告示)には2,136の字種が掲載されており、アルファベット(26字)の約82倍にのぼる。さらに、大修館書店の『大漢和辞典』には約5万もの漢字が収録されているが、これは常用漢字の約23倍である。しかし、「漢字の総数は？」といえば、同社ウェブサイトの「漢字文化資料館―漢字Q&A」の「Q0003 漢字はいったいいくつあるのですか？」によると「“島”に対する“嶋”のように意味や音読みが同じでも字体だけが違う“異体字”」も1字として数えた場合、天文学的数字となるため「予測不能と考えるほかはない」とのことである。

6) 文化庁「国語問題要領」では「近代になって国字改良のために発表された意見としては、慶応2年(1866)に前島密(ひそか)が建白した漢字御廃止之(の)議が最初…(中略)…」とされる。また、彭国躍(ぼうこくやく)(神奈川大教授)の「中国の言語政策とイデオロギー「文字革命」の発生と挫折」(『言語』、34(3)、pp.76-85、2005年3月)によれば、中国でも「1930年代において漢字批判の機運がしだいに高まった。魯迅は漢字を当時の不治の病―結核に喩え、中華民族は「旧文字の犠牲になりたくなければ、知識の伝播を阻害するその結核を切除しなければならない」(「中国語文の新生」一九三四・九)と主張し、漢字の存廃を中華民族の存亡に関連づけ、両者の対立構図を作り出した」とされる。

(4)　一般的傾向が見つけにくくなる

小学校では「平均をとりましょう」や「円グラフを描きましょう」と習う。そうすれば手っ取り早く「日本人20代男性の平均身長は170cm」とか、「小学生男子の7割はサッカーが好き」といった、一般論としての知見を得られるからである。こうした考え方から、人の背丈に合うように自動車の座席の大きさを決めたり、小学生用の服をより多く売るためにサッカーの絵柄をつけるといった戦略が生まれる。

データを採取しただけの段階では、個人ごとの情報なので、ばらばらの内容である。個人の多様性をそのままにデータを活用するのは簡単ではない。ある1つのサンプル、例えば「A君は歌舞伎が好きだから、歌舞伎役者の服を作ろう」という個別的な結論だけでは、対応する市場規模が小さすぎる。小さな個別例の集積では、大量生産のための戦略には向かないのである。

結局、ばらばらなままでは法則性が見えてこないので、平均やカテゴリ分けなどをして、集団としての傾向をあぶりだす方向に分析は進みがちである。

(5)　急に変われないため、大儲けできない

分散投資は、大損を防ぐために行うものだが、裏を返せば、大儲けもできなくなる。一つの銘柄に全財産をかけて、それが値上がりすれば、一発で大儲けができるのに、それをしないからである。また、最優良株や一番人気の馬に絞って投資すれば、一番勝ちやすそうであるが、分散投資ではそれを許さない。

情報セキュリティのために、あえて多様なコンピュータを取り交ぜて使っていると、一斉にすべての装置をアップデートすることが難しい。コンピュータの形式が違えば、対応の手間もタイミングも異なり、どこまで対応したのか把握が難しくなる。

(6)　過当競争を生む

差があり得ることで、過度な競争が生まれ、不利益と不便をもたらす。

多くの企業では、初任給を同額にしている。また、月々の給与もころころ変

えない。昇進などの数年に１度の節目では大きく変わるものの、日常では月給額の多様性を感じさせないようにしている。

なまじ差をつけようとすると、勤務評定をせねばならなくなる。従業員からは、評定結果に対し理由を聞かれたり、交渉を挑まれる。あの手この手で上司に籠絡して評定をよくしてもらう働きかけも発生しかねない。「本来の仕事そっちのけで、権限者への籠絡に力を注ぐという、本末転倒で不毛な活動のこと」を、**レント・シーキング**(Rent Seeking)という。もともと１種類しかないと宣言しておけば、レント・シーキングに労力を割かなくて済む。

レント・シーキングは、企業が合併した際の人事でも起こりがちである。複数あった社長の椅子が１つに減るのだから、当然、争奪戦になりかねない。これを防ぐ和平協定として、出身母体ごとに交互に就任するという**たすき掛け人事**が実行される。

少数乱立状況という多様性も、多大なコストを招く。日本の戦国時代(1467～1573年)は、地方政権が乱立し、競争のための費用(戦費)が膨大な負担となった。また、政権それぞれが関所を設置したため、全国的な商品の流通に支障をきたした。幕末(1854～67年)の幕藩体制も地方分権的であり、外国の脅威を押し返すには力不足であった。

市場の勃興期には、参入者が多く、過当競争が起こりやすい。戦前のタクシー業界では、小規模な業者が乱立しており、利用者がタクシーをよび出す際に都合が悪かった。その後、太平洋戦争(1941～45年)の激化で、国内の移動手段として軍事的な重要性も高まり、政府の指導により統合された。私鉄も同様に大規模な合併をしている。その一方で、市場が衰退期にさしかかり、規模が縮小しはじめると、それまで当たり前だった競争が、過当となってくる。そのような業種では企業の合併が繰り返され、多様性が減り、競争が緩和される。

(7)　船頭多くして船山に上る

人間の集団に多様性が高すぎると、主義主張の違いや対立が生じやすくなるから意見をまとめることが難しくなる。１人ぼっちならすぐに決断でき行動に移せるが、多人数となると、議論や議決を経ないと団体として統一のとれた行動がとれない。そのため、集団では多数派が支持する無難で平凡な意見に落ち着きがちである。変人が提案する突拍子もない意見は、奇案にして名案となる可能性はあるにしても、支持者は少数であり、まず採択されない。

旧弊を破る斬新な創造性を得るには、むしろ少人数(2、3人)の班を作ったほうがよい。奇案が出たとしても、その2人なり3人がたまたま気に入れば、その案が採択されるからである。これが20人以上の大集団であると、奇案が過半数の支持を集める確率は相当に小さくなる。

(8) 多様性が魅力を削ぐ

変化しないものがないと、人間は落ち着かない。日本食では、おかずは変わっても、白米と味噌汁は変わらない。白米と味噌汁が他のおかずと同じように扱われ、月に1回程度しか食べられないとしたら、食生活に対するアイデンティティを保てなくなる。生活は、同じことの繰返しであり、マンネリズムのなかに自分のスタイルが存在するからである。無秩序な生活パターンでは、自分の生活ではないような感覚になるだろう。

長年にわたりほとんど変化せずに売れ続けている定番商品は、稀有(けう)な存在ではあるが、強い競争力をもっている。食品や書籍は、登場して数カ月で売り場から消えていくものが多いが、ロングセラーもある。自動車でも、フォルクスワーゲン社のビートル[7)]のように何十年もデザインを変えずに売れ続けたものもある。ロングセラーを何度も選び続けることは、多様性を乏しくするが、内容の評価が定まっているので安心して購入できる。ロングセラーは、長く続けば続くほど信用力は増す。

---

7) フォルクスワーゲン・タイプ1(通称オールドビートル)は、1938年頃から生産が開始され、戦前の生産台数は小規模にとどまったものの、第二次世界大戦後から本格的に立ち上がり、1960年代に入ると順調に伸びた。1998年には、同じプラットフォームを使うフォルクスワーゲンニュービートルが登場し、2010年まで生産された(AUTOCAR JAPAN:「VWビートルは終売　なぜフィアット500/ミニは生き残れている?　背景に存在価値(2019年7月22日)」(https://www.autocar.jp/post/391082))。

デザインの世界では、多様性が高すぎて統一感がないと、美しさを損なうことがある。パリの町並みはすっきりとして見えるが、それは隣接する建物の外装に高い共通性があるからである。

人気のドラマでは、シナリオは定番のテンプレートに当てはめて作られている。『水戸黄門』[8]なら、毎回、印籠が出て終わる。観客は自分好みの結末ならば、新規性はなくとも見たがるものである。西欧の悲劇ではアリストテレス（前384～前322年）の『詩学』による型が長年規範となっていた。その典型がシェークスピア（1564～1616年）による『ロミオとジュリエット』（1594年頃）である。こうした悲劇のストーリーは、はじめに登場人物の間に対立と矛盾が潜んでいて、やがて決裂へと進み、哀れみとカタルシスで終わる。アリストテレスの型を逸脱した演劇が作られるようになるのは20世紀になってからであるが、前衛的すぎるためか一般にはさほど人気がない。

メニューがあまりに多すぎると、人間は選べなくなる。例えば、24時間を費やして東京を観光する場合、どこを見て回るべきだろうか。多種多様な施設が密集しているから、プランは無尽蔵に考えられるし、魅力的で優劣つけがたいものが競合するだろう。こういう場合、人間は自分で考えることをあきらめ、他人の真似をして東京タワーに登るなどの、定番のプランに落ち着く。あるいは、グルメやショッピングといった特定のジャンルだけに限定して多様性を減らし、そのなかのプランの優劣・比較を考えるものである。

(9) 知られざる害が潜伏する

集団が多様であればあるほど、当然、知られざる害が集団に潜む確率も高まる。このリスクを避けるために、保守主義や、純血主義、縁故主義が採用されることが多い。つまり、「過去に問題のなかったものや、今の構成員の近縁の者や弟子筋の者なら集団に取り入れるが、どこの馬の骨かわからぬ新参者は排除する」のである。

8) TBSテレビとその系列局のテレビドラマ放送枠『パナソニック―ドラマシアター』で放送されていた期間は、1969年8月～2003年12月と約34年にも及ぶ。

日本では一般に、人員の解雇は法律的には難しいから、人材採用ではかなり慎重になる。斬新な属性をもつ人材は大化けするかもしれないが、大失敗する可能性も高い。それよりも、組織内に既に多くいる人に似たような人物を採用し、人員の多様性を少なくするほうが見通しは利きやすい。

手段は次第に目的と化すものである。もともとはリスクを避ける手段に過ぎなかった純血主義が、いつの間にか目的となり、たとえ純血を守ることが有利でなくなっても残存してしまう傾向が、組織を衰退させる大きな原因となる。

1.2のまとめ

多様なものは、管理が面倒であり、思わぬリスクを呼び込む。

1.3　多様性の度合いを表す指標

多様性と、それを表す概念を挙げてみよう。

一口に「多様性」といっても、次の2つの意味で使われているようだ。

① 多元性(pluralism)：異なるものが併存すること。あるいは異なる候補を選べること。

② 可変性(inconsistency)：異なる値に変わり得ること。あるいは異なる値を選べること。

「多種多様な候補」と「多種多様な値の候補」とを同じ内容と捉えれば、多元性と可変性とは、本質的には「候補が何通りあるか」という同一の論点に対する概念となるので、本質的に同根の観点であると言えなくもない。しかし、実務上は分けて考えたほうが便利である。

「多様性」は、定性的な意味としても、定量的な意味としても使われている。しかし、多様性を特に定量的に考えていることを示したい場合には**多様度**と書くべきであろう(多様性の英語表現は、diversityが普通だが、varietyや

pluralism も使われることがある。なお、数学では「多様体」という言葉が出てくるが、一般化した曲線・曲面といった意味であり、異種併存に着目するという文脈とは無関係である）。

多様度（多様性の度合い）を表すための量としては、以下の(1)～(9)がしばしば使われる。

(1)　種類の数（repertory）

異なる事物が何種類あるかの数のことである。「種数」ともいうが、これは同名で別意味の数学用語があるので使いにくい。

「10 種類の飲料を売っている自動販売機は、5 種類の飲料を売っている自動販売機よりも、2 倍多様度が大きい」と分析する場合もある。

単にメニューを数えただけなので、素朴な指標であるが、**1.5 節**(p.45)で述べるように、生態学には「α 多様性」や「γ 多様性」といった、種類の数の観点で分析する指標があり、学術的にも使われる概念である。

(2)　集団サイズ

集団の構成要素の数のことである。人口 100 人の村なら、集団サイズは 100 である。

集団サイズは、多様度を直接的に表す指標ではないし、多様度を正しく反映する保証もない。例えば、村 A は人口 100 人で、その全員の血液型が O 型であるとする。村 B は、人口 8 人だが、血液型は O 型以外にも A 型や B 型が存在するとする。集団サイズでは村 A が大きいものの、血液型の多様度は村 B のほうが大きい。このような例外があり得るため、集団サイズは「集団内の要素の内容を無視する粗雑な尺度」のように思えなくもない。

しかし、要素の数が少ない（つまり集団サイズが小さい）場合には、一転して集団サイズは重要性を帯びてくる。**2.3 節**(p.68)で述べるように、集団サイズの逆数が、多様性が伝承するか断絶するかに強く関係するからである。遺伝子が次世代に引き継がれるかは偶然に支配されるが、集団サイズが小さいと、跡継ぎがおらず遺伝子が失われる事態が起こりやすくなる。

このように考えると、組織の人材を集める際には、個々人の個性や能力はさておき、とにかく人数を増やす鶏鳴狗盗のような方針も、あながち間違っていないのだろう。「枯れ木も山の賑わい」で、人数自体が相当大きければ、ある程度の多様性を間違いなく保持できるのである。

優秀な企業や、優秀な大学、優秀な一門に必要な要素とは何だろうか。その人員構成から優劣を語るのもよいが、まずは人数ではないだろうか。優秀な組織には、入門志願者が大勢集まってくるものだ。そして、人が多ければ、内部で多様な知恵を伝承できて、多様性の恩恵を大いに享受できるのである。

(3)　エントロピ(entropy)

情報理論の立場からすれば、多様度を最も定量的に正確に表す指標はエントロピである。

エントロピは意味がつかみにくい言葉なので、他の呼び名を使うこともある。「候補が多様であって何が選ばれるかわからない」という場合はエントロピを**不確かさ**という。「不確かなことを調査して明瞭にさせた度合い(不確かさの減り分)」を**情報量**という。あるいは、こうした区別をせずに、単にエントロピなり情報量なりで通してしまうことも多い。

エントロピは熱力学が発祥の概念であり、移動した熱を移動時の絶対温度で割った値のことである。熱や温度は微視的に見れば、分子の運動の状態である。ボルツマン(1844 ～ 1906 年)[9]は、エントロピが分子の状態の数の対数[10]に比例する量であることを見抜いた。

クロード・シャノン(1916 ～ 2001 年)[11]は、「状態の数の対数」という熱力学的エントロピの概念を、情報の量を計る尺度として転用し、「情報エントロ

9)　「オーストリアの理論物理学者。気体分子運動論を研究し、エントロピーの増大は単なる力学的法則ではなく確率的法則であることを明らかにして、統計力学の基礎を作った。」(『デジタル大辞泉』)

10)　対数(log)は高校 2 年程度で学習する。定義および計算方法がわからなければ、『関数のはなし(下)【改訂版】』(大村平、日科技連出版社、2012 年)など、他書を参照。

ピ」という概念を打ち立てた。例えば、灼熱の砂漠では、天気のパターンは「365日全部晴れ」というパターン１つしかない。この１の対数をとれば０であり、つまりエントロピは０である。そのため、例えば晴れ一本槍の砂漠なら天気予報を聞く価値は０となる。エントロピが０というのは、天気予報の価値も０ということを反映する。

情報エントロピの定義として、よく見かける形は次の式である。

$$H = \sum_{i=1}^{S} p_i \log_2 \frac{1}{p_i}$$

Hが情報エントロピである。Sは現象がとり得る状態の数、iは各状態につけた番号、p_iは状態iが起こる確率である。対数の底は、二進法に依拠する計算機の挙動と相性をよくするために、普通は２が選ばれる。その場合はエントロピの値の単位はビット(bit)となる。対数に自然対数を選ぶとnatとよばれる単位となり、情報量規準(近似モデルの妥当性を評価するときに使う尺度)などの理論的な議論で登場する。

ここで例を挙げてみよう。ある地点Aの天気の確率は、晴れ50%、雨50%である。この場合、$S=2$、$p_1=0.5$、$p_2=0.5$として計算すれば、エントロピは1bitとなる。別の地点Bで、晴れ25%、雨25%、くもり25%、雪25%というところがあるとすれば、そこの天気のエントロピは2bitとなる。よって、「地点Bの多様度は地点Aの２倍である」や「地点Bの多様度は地点Aより1bit大きい」と表すことは、科学的に意味のある、まっとうな表現である(**表1.1**)。

エントロピは多様度の尺度としては、理論的な正当性を有している。これ以外の多様度の指標は、多様度を歪みなく反映しているものとは言い難い。だが、エントロピにも、「計算に手間がかかること」や「データの数が少ない場合に計測値と真値のズレを気にせねばならない」といった実用上の欠点がある。そのような場合は、上述した他の手軽な指標が代替として使われる場合がある。

---

11) 「米国の電気工学者・数学者。マサチューセッツ工科大教授。「通信の数学的理論」で情報伝送の数学的処理を体系化し、情報理論の創始者となる。情報量の単位ビットの概念を導入したことでも知られる。」(『デジタル大辞泉』)

表 1.1 「エントロピ」の例

場所	晴れ	雨	くもり	雪	エントロピ(bit)
灼熱砂漠	100%	0%	0%	0%	0
地点 A	50%	50%	0%	0%	1
地点 B	25%	25%	25%	25%	2

さらに言えば、「エントロピという尺度だけで、全体の多様性を分析したつもりになってよいのか」という根本的な問いが、エントロピを使用する前にあるべきだ。「ミラノの新作ファッションは1024種類あったので、多様度は10bitである」という分析と、「あるブランドはフェミニンな柔らかい素材を採用し、ダーク系の色使いでも個性を出している」という分析では、どちらが求められる分析であろうか。

従来の科学的な分析では、しばしば分析対象の集団全体にわたる特徴を指標化することに目標があり、集団の多様度といえばエントロピで評価すれば一丁上がりであった。「全体を数字の指標で要約することが素晴らしい」とされていたのだ。しかし、現代のビックデータ分析では、個別にそれぞれ異なるデータが混合している現象にこそ意味があり、全体の状況を総括しても嬉しくはない。多様なデータを下手にまとめず、それぞれの個性を尊重して高度な知見を引き出すことを目指すべきであろう。

(4)　コルモゴロフ複雑性(Kolmogorov complexity)

複数の物事についてのデータを受け取ったとき、それらの散らばり度合いはエントロピで測るとして、データの並びの規則性という別の観点から多様性を観察することができる。

例えば、あるデータ A は、7個の事物についての数量を記録したものであり、内容は「1、2、3、□、5、6、7」という数列であるとする。□の部分は記録が欠けていた。ここに入る数字は何であろうか？　知るよしもない話であるが、常識的には「4である」と答えたくなる。というのも、この数列を「初項1で公差1の等差数列」と見立てると、現象をできるだけシンプルに言い表すことができるからである。「シンプルかつ例外の少ない法則を見つけられたら、それが真実である可能性が高い」とするのが、科学の慣習である。

さて、「1、3、1、□、1、3、1」というデータBはどうだろうか？　法則性を推察するに、□に入る数字は3のようである。

難しいのは法則がつかめないものだ。「例えば、1、7、7、□、4、5、3」というデータCがあるとして、□に入る数字は皆目見当がつかない。数列の法則性を短い言葉で表すことは無理である(**図1.1**)。

データAは、「初項1で公差1の等差数列」とだけわかれば、全部のデータを個別に覚えずとも、完全に記憶できる。データCは法則性が不明なので、「最初は1、次は7、……」と全部を長々と記録する以外に記憶の手段がない。

法則を完全に記述する文(プログラム)のなかで最も短いものの文字数を、コルモゴロフ複雑性とよぶ。法則をできるだけ短い言葉で表そうとした場合、データAの法則の記述は短くなるのでコルモゴロフ複雑性は小さいといえる。逆にデータCでは法則の記述が長くなるので複雑性は大きい。

コルモゴロフ複雑性が小さければ、データの配列パターンはシンプルな規則に強くしばられているといえる。規則から外れる予想外なデータは生じず、多様性に欠けるのである。光景の変化が全くない動画は「冒頭の光景のまま最後まで不変」という短い言葉で法則性を記述できる。こういう動画をコンピュータ上でファイルとしてもつ場合、この短くも完全な説明をファイルの内容としてもっていれば事が足りる。そのため、ファイルサイズは非常に小さくなる。

サイコロを使って、楽譜の断片をランダムに選び、それを並べると曲ができる「音楽のサイコロ遊び」というゲームがある。特にモーツァルト(1756～91

■問題：□に入る数は何か？

- データA：1、2、3、□、5、6、7
- データB：1、3、1、□、1、3、1
- データC：1、7、7、□、4、5、3

図1.1　一番シンプルな法則を見つけて答えたくなる

年)が作ったものが有名で、楽譜(の断片の集まり)は実に短い。だが、断片同士の組合せの数は多いから、膨大な曲をカバーしていることになる。短い楽譜で膨大な曲に対応するのであるから、極端に小さいコルモゴロフ複雑性の好例である。生成される曲をいくつか聴いていると、まさに同工異曲の繰返しとなって飽きる。聴衆の心を満足させる曲を作り続けるには、アルゴリズムのコルモゴロフ複雑性が足りない。このアルゴリズムでは、モーツァルト風のピアノ曲しか創り出されず、演歌やロックの旋律は含まれていないので生成できない。アシュビーの必要多様性が足りないのである。

逆にコルモゴロフ複雑性が大なら、不規則的であり多様である。多様なシーンが豊富に出てくる動画では、画像に変化がある都度、それを記述せねばならない。動画ファイルにいくら情報圧縮処理をほどこしても、長い説明はどうしても必要だから、ファイルサイズは小さくならない。

コルモゴロフ複雑性とエントロピは、情報学的な尺度で正味の複雑さを計るという共通の目的と手法から成り立っているから、不即不離の関係にある。動画やゲノム情報のように列をなすデータの場合は、コルモゴロフ複雑性を見ることで内容の多様性を推し量ることができる。1次元配列のデータに限らず、2次元や3次元であっても適用できる。

ただ実用上、コルモゴロフ複雑性には難がある。「法則を最も短く記述できる場合の、その記述の長さ」という定義では、算定に手間がかかるからである。また、本当に自分が最短の記述を作ることができたかどうかを厳密に証明することは、一般的に難しい。

(5)　範囲(range)

最大値と最小値との差のことである。しかし、「範囲」という名称は、あまりに一般的な名詞に当たっていて不便なので、特定の専門用語であることを示すために、あえて「レンジ」とよんだほうが無難である。

ある生産ラインAで作られるクッキーの重さを計ったところ、最大のもので32g、最小が29gであった(**図1.2**)。この場合の範囲は3gである。

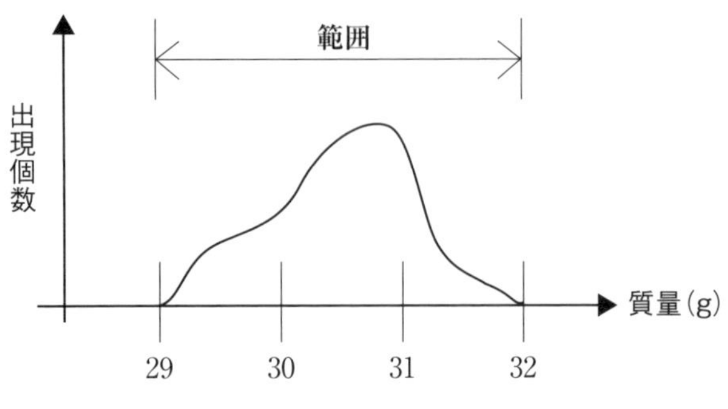

図 1.2 「範囲」は最大値と最小値の差

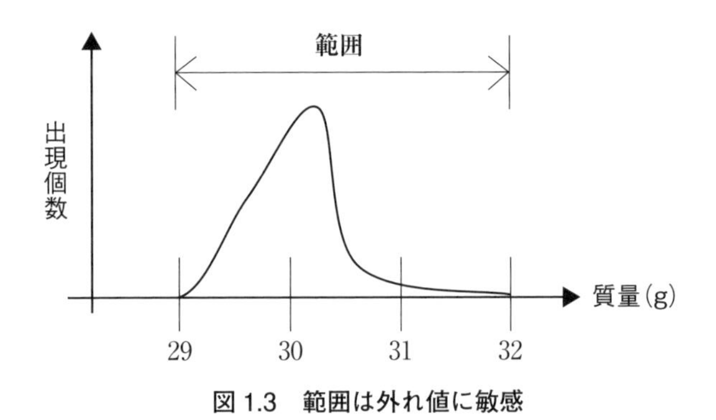

図 1.3 範囲は外れ値に敏感

多くの場合において、範囲の狭いほうが、ばらつきがないから、品質管理としては優秀といえる。別の生産ライン B で範囲が 0.5g であったとすると、B のほうが製品の出来がそろっていて質が良いといえる。

ただし、1 つのサンプルだけが極端な外れ値だと、範囲はそれに敏感に反応して大きくなってしまう。例えば、生産ライン A での最大値 32g は 100 万個中 1 個しかなく、それ以外での最大値は 29g だとすれば、本来は、生産ライン A はかなり一定の生産ができる優秀なラインと認めるべきであるが、範囲は相変わらず 3g のままだ(**図 1.3**)。こうした意地悪な評価は滅多に起こらないこととはいえ、範囲という指標が外れ値による不安定性という弱点を抱えていることには違いはない。

小売業の世界では、商品の価格の範囲を**プライス・レンジ**(price range)とよび、販売戦略上の重要ポイントとされる。100円ショップのように、価格をすべて同一にしている場合はプライス・レンジは0となる。均一価格ならば、顧客は値段の高低に一喜一憂することがなく、また合計金額も簡単に暗算できるので、買い物時の不安感が減り、思い切りよく購入を決断しやすくなる。

範囲はスリルと関係する。範囲は最善と最悪の差であるから、範囲が大きいものは心配になるし、リスク管理の点からも手を焼く存在となる。

コンテストやテレビ番組などで、何かのランキングを発表するときに、いきなり全部を同時に公開するとスリルがなくて面白くない。演出としては、「第○位はこの人!」などと、1つずつ公開していくものである。第1位の公表を最後まで残すことは演出として当然である。一方、1位以外については必ずしも下位から順番に公開するとは限らない。下から開ける方式では、残った候補はあるランクよりは上であることが確定するので、その分不確かさがなくなり、スリルが薄れる。そこで、第1位と最下位を残して(範囲を最大値のままに保って)、途中のランクを先に公開するのである。こうすれば、未公開の人は何位以上か不明のままなのでスリルが残る。

米国の大統領選挙の制度は、全国民1人1票の単純集計ではなく、州ごとの勝者総取り方式である。州ごとに投票を集計し、州内で一番得票数が多い候補が、その州の大統領選挙人(大統領指名において州がもつ票)をすべて獲得するという仕組みが、ほとんどの州で採用されている。全部かゼロかという設定は、要は範囲を最大化するねらいなのである。「たった1票差でも結果がゴロッと変わる」となれば、たとえ人口が少なくて選挙人も少ない州だからといって、手を抜くわけにはいかなくなる。候補者は、勝者総取り方式を採用する接戦州に対しては、魅力的な公約を振る舞う必要が出てくる。こうして、勝者総取り方式は、各州が自らの利益を獲得するための機能を果たす。

人工知能ブームの到来[12)]で範囲の重要さは増した。というのも、「人工知能は、データの内挿を得意とするが、外挿では精度が低い」という弱点がしばしば見られるからである。

例えば、毎日午後1時から3時までの気温を15分おきに観測したデータがあれば、観測した時間帯にある半端な時刻(例えば2時7分など)での気温であっても、人工知能は近隣時刻の値をもとにして、かなり精度よく推定することができる。これをデータの内挿や補間という。

一方、計測時間外の時点における気温は推定が難しくなる。単純に推定するなら、データの変動傾向を線形に延長することになるが、1時間につき気温が1度下がっていたからといって、「10時間後の午前1時に10度も冷え込む」という予測は実態に合わなくなる。外挿(既知の観測データの群れの外にあるものを推定すること)は、難しいのである。人工知能は、なまじ内挿がうまいだけに、外挿における精度の低さが粗として目立つ。この問題は、観測データの範囲が広ければ解決する。すなわち、教師データ[13]の範囲が大きいことが人工知能の性能を大きく向上させるのである。

範囲は、1次元のデータについては「最大値－最小値」と簡単であるが、2次元以上となると少々ややこしい。というのも、多次元データは要素の間に相関関係があり得るからだ。

例えば、ある人間の集団について身長と体重を測ったところ、一番大柄な人は170cmと60kgで、一番小柄な人は150cmと40kgであったとする(**図1.4**)。身長の範囲と、体重の範囲とを別々に計算すると、20cmと20kgというペアになり、一見すると広大な範囲に思える。だが、身長と体重には相関関係があるから、170cmで40kgという高身長で低体重な人は、いくら範囲に名目上は

---

12)　2000年代から現在まで続いているのは、大量のデータ(ビッグデータ)を用いてAI自身が知識を獲得する「機械学習」が実用化された、「第三次AIブーム」である(総務省：『平成28年版　情報通信白書』「第1部　特集　IoT・ビッグデータ・AI～ネットワークとデータが創造する新たな価値～」「第2節　人工知能(AI)の現状と未来」)。

なお、第一次AIブームは(コンピューターによる「推論」や「探索」が可能となり、特定の問題に対して解を提示できるようになった)1950年代後半～1960年代にあり、第二次AIブームは(コンピューターが推論するために必要なさまざまな情報を、コンピューターが認識できる形で記述した“情報”を与えることで、人工知能(AI)が実用可能な水準に達した)1980年代にあった。

13)　機械学習の教師あり学習において、人工知能のニューラルネットワークがあらかじめ与えられる、例題と答えについてのデータ。この大量のデータをもとに、ニューラルネットワーク自体が出力結果の正否を判断し、最適化を行う。

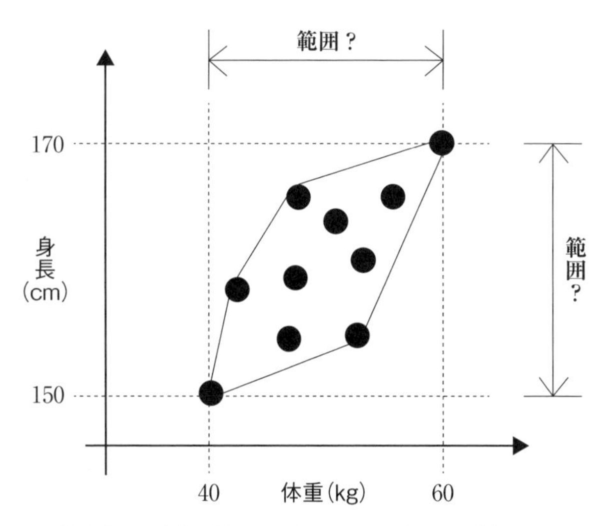

注）黒丸はある人の値を表す。全体を輪ゴムで束ねたかのように、1番外側の黒丸を囲んで1周している折れ線が凸包。多次元の場合、範囲は各次元の範囲より凸包で考えるほうが適切。

図 1.4　身長と体重の分布の例

入っているとはいえ、実際には存在しない可能性が高い。

このような理由から、2次元以上のデータに単純な範囲を使うのは大雑把すぎるといえる。本格的には、範囲のより高度な形態である**凸包**（とつ）を用いることが正しい。凸包とは、「データ群をすべて包含できる最小の多角形・多面体」である。要するに、実測事例が存在しない領域は範囲から切り捨て、凸包の広さや体積をもって、多様度の値とするのである。なお、高次元データに対する凸包の計算は非常に手間がかかるので、専門的なソフトウェアが必要となる。

(6)　四分位数（quartile）

データを小さい順に並べた際の、ランキング先頭から25%目の順位、50%目の順位、75%目の順位という、3カ所での値のことである。これら3つの値を**第一四分位数**、**中央値**、**第三四分位数**とよぶ。例えば、生徒数100人のクラスがあったとして、テストの点数を小さい順に並べると、点数の小ささで25

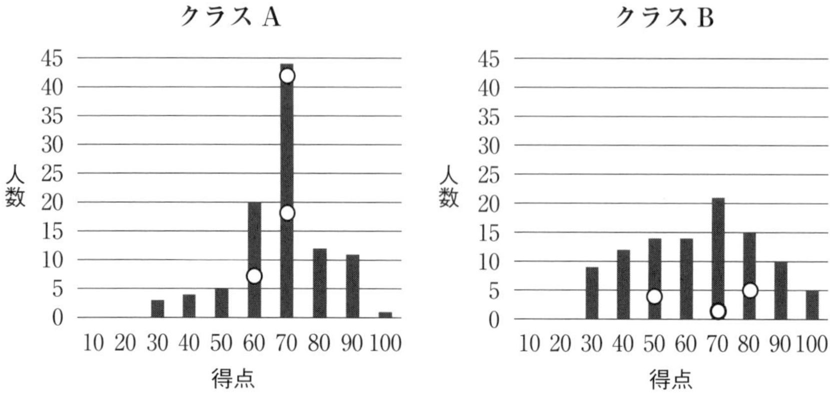

注）白丸は四分位点の人の位置。

図1.5　2つのクラスでのテストの得点分布

位の人の得点が第一四分位数となり、75位の人の得点が第三四分位数となる。

3つの四分位数が、互いに大きく異なっていれば、ばらつきが激しいといえる。例えば、**図1.5**のように第一四分位数と第三四分位数の差が、あるクラスAでは10であり、Bでは30だとすれば、AはBより生徒間の学力差が少ないといえる。

「範囲」という尺度に比べて、四分位数はたとえ1個の外れ値があったとしても、大きく動揺しないという長所がある。よって、安定した分析ができる優秀な分析法である。

昔は、ランキングづけに手間がかかるので頻用されなかったが、今ならパソコンの表計算ソフトで手軽に算出できる。大いに使うべきであろう。

コンピュータを使うなら、何も四分に限る理由はない。もっと手間のかかる100分割で考えてもよい。その場合は**パーセンタイル**といい、例えば「成績上位5パーセンタイルの点を超えていれば、○○大学合格濃厚」という風に使う。

(7)　ジニ係数(Gini coefficient)

四分位数と同様にデータを小さい順に並べてランキングをつけてから導き出

す、ばらつきの指標のことである。なお、そもそもは、社会の所得分布の分析で使われていた指標である。

例えば、人口100人の村の所得のばらつきと不平等さを分析するとして、次のような曲線を描いてみよう。横軸に所得の小さい順に1位から100位までの順位を目盛る。縦軸には、その順位以下の人が得ている所得の合計値をとる。こうして、1位から100位まで対応する点を打ち、折れ線で結ぶ(**図1.6**)。

この折れ線カーブの曲がり具合が、所得の不平等さを反映する。村民の所得が全員同一という完全に平等で多様性が絶無の村であるならば、折れ線はカーブにならず右肩上がりの一直線になる。逆に、少数の億万長者と、大多数の貧民という村の場合、カーブは最初のうちは遅々として上向かず、横軸すれすれに這(は)うが、最後の数人で急に跳ね上がり、激しく折れ曲がったものになる。こ

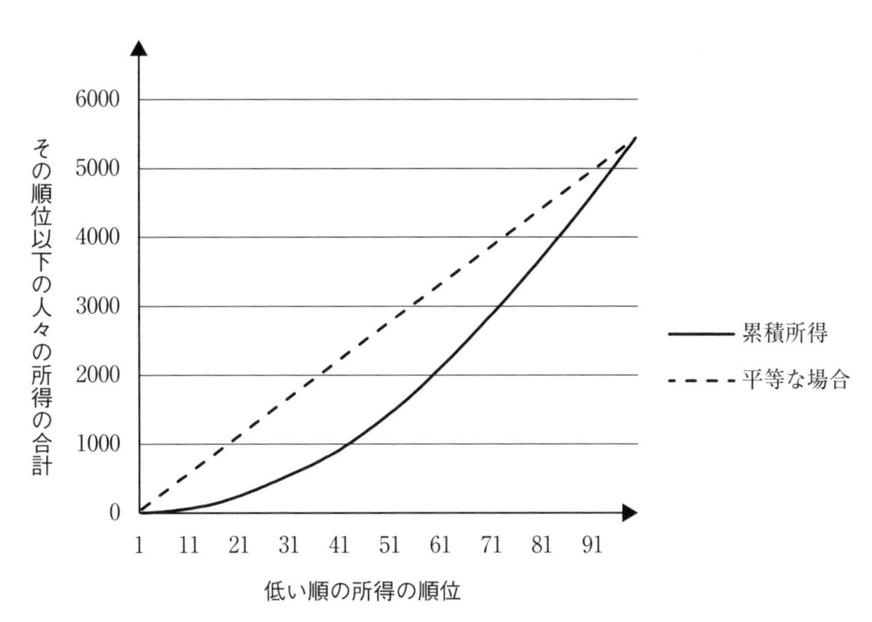

注）累積所得のカーブ(実線)と全員の所得が同じ場合での直線(破線)とで囲まれる領域に注目する。この領域の面積と、破線と横軸で挟まれた領域の面積との比が、ジニ係数である。この例の場合はジニ係数＝31%である。

図1.6　ジニ係数の概念図

の「横軸すれすれ」という特徴が不平等の指標となる。

ジニ係数の定義は、実際のデータで描いた折れ線カーブと、完全平等であると仮定した場合の一直線とが囲む面積を計算し、それを完全平等であると仮定した場合の一直線と横軸が囲む面積で割った値である。これが大きいほど、平等さが乏しく、値のばらつきが大きいことを意味する。

ジニ係数の長所は、格差や寡占の度合いを表すという意味が、図を示せば素人にも直観的にわかりやすいことにある。

短所はいくつかある。まず、計算の際にデータの並べ換えの手間がかかることである。第二に、格差の状況をたった1つの値で表現しているため、ジニ係数が同じ値であっても、格差の状態が同じとは限らないことである。格差や寡占が論点となっている分析に対して、ジニ係数を持ち出すのは正攻法であるが、それ以外の分析にはジニ係数はあまり使われていない。

(8)　シンプソンの多様度指数(Simpson Index)

種類のばらつきを計る尺度で、主に生態学で使われるものである[14]。

形式は2種類あって、

$$D_1 = 1 - (p_1^2 + p_2^2 + \cdots + p_S^2)$$

または、

$$D_2 = \frac{1}{p_1^2 + p_2^2 + \cdots + p_S^2}$$

と定義される値Dである。ここで、Sは種類の数、p_iは種iの占める割合である。Dが小さければ特定の種による独占や寡占が起きていることになる。逆に大きければ、どの種も比較的近いシェアを占めていることを示す。

例えば、公園で鳥を観察していたら、スズメ、カラス、ムクドリをそれぞれ15羽、4羽、1羽、発見したとする。この場合は、$S=3$で、割合は0.75、0.2、0.05となり、おおよそ$D_1=0.395$あるいは$D_2=1.65$という多様度と算定される。

14)　なお、2つの集合の重なり具合を表すoverlap coefficientのことを「シンプソン係数」ともよぶことがあるが、それとは別物である。

なお、政治学の世界では、D_2 の p_i に各政党の議席占有率や得票割合を代入して計算し、**有効政党数**という指標にしている。もし全政党の議席数が同じ（等分割）ならば、D_2 は党の数に一致する。さて、試しに計算してみると、1980 年の衆議院総選挙の獲得議席数での有効政党数は 2.63 であり、2017 年の総選挙では 2.25 であった。どちらも第 1 党が大勝したことに変わりはないが、2017 年のほうが少数派政党が弱まっていると算定される（**図 1.7**）。

シンプソンの多様度指数は、確率分布の 2 乗和を選んで注目しているが、これは計算が楽という便宜的な理由が大きい。2 乗和が何か理論的に深い意味をもつという根拠は見当たらず、多様度指標としての正統性はエントロピには及ばない。しかし、シンプソンの多様度指数は、「シェアが小さなデータの変動の影響を受けにくい」という長所がある。上の例では、ムクドリが 0 羽であったとしても、$D_1 = 0.398$ で $D_2 = 1.66$ となり、値があまり変化しない。シンプソンの多様度指数がもつ安定性は、こうした小さな観測でのデータの変動が分析結果に与える動揺を抑える効果がある。

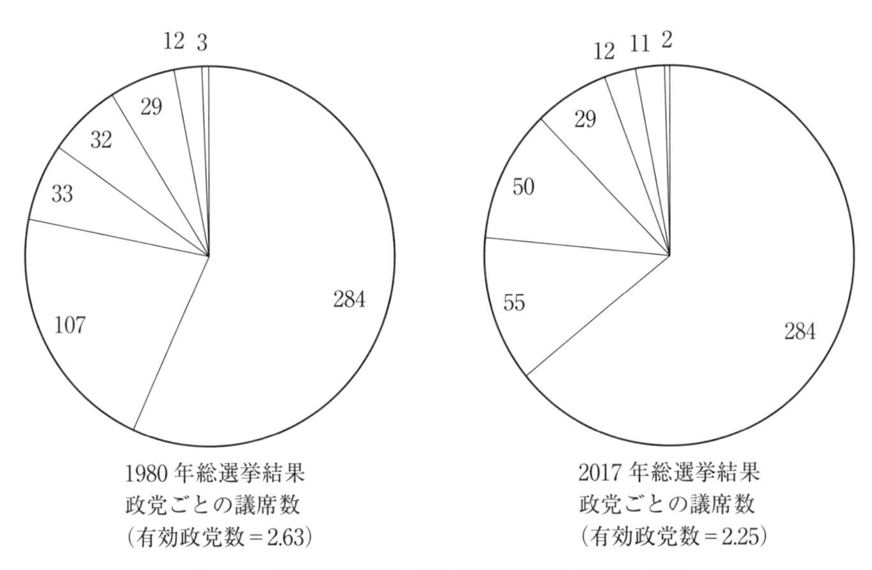

図 1.7 衆議院総選挙の獲得議席結果と有効政党数

シェアが小さなカテゴリは、運次第で観測回数が大きく変動しがちである。例えば、観測回数の期待値が1羽のカテゴリがあったとする。実際に観測したら0羽かもしれないし、2羽かもしれない。この結果(0と2)の違いを比率で考えれば大変動である。一方、期待値が100羽と大きければ、大数の法則のおかげで100羽から何倍もずれた値が観測されることは少ない。大量の観測を行えるのであれば、期待値の小さなカテゴリをなくすことができるが、それだと観測のコストを引き上げてしまう。

(9)　分散(variance)、標準偏差(standard deviation)、変動係数(coefficient of variation)

これらは、ばらつきを表す量として頻用されてきた統計学の概念である。

分散は、各サンプルと平均値との差の2乗を総和し、高校では、それをサンプルの数で割ったものと習う。Vを分散、Nをサンプルの数、x_iを各データ、$\bar{x}$を平均とすると、次の式で定義される[15)]。

$$V=\frac{1}{N}\sum_{i=1}^{N}(x_i-\bar{x})^2$$

大学ではサンプルの数から1を引いた値で割る。

$$V=\frac{1}{N-1}\sum_{i=1}^{N}(x_i-\bar{x})^2$$

この引き算をする事情は難解[16)]だが、そのほうが真の値に近くなるので、大学の方式を使うほうが適切である。ただし、サイコロを使った確率の計算問題といった「人工的な問題設定であるがゆえに、分布のすべてを人間が知ることができる」という特殊な場合は、真の値も計算で知ることができるので、高校の方式で計算した標準偏差を用いる。

標準偏差は、分散の平方根である。

変動係数とは、標準偏差を平均で割ったものである。これは標準偏差の素朴

15)　Σ(シグマ)は高校2年程度で学習する「数列の和の計算」記号。もし理解できなければ『統計のはなし【改訂版】』(大村平、日科技連出版社、2002年)など、他書を参照。

な正規化といえる。例えば、株価が 10,000 円台の株と 1,000 円台の株とでは、変動の標準偏差が同じ 100 円でも変動の激しさは全く違う。量と率との錯覚を避けるには、騰落幅ではなく騰落率を観察するべきであり、正規化がそれをなす。なお、平均が負やゼロの場合には変動係数は適用できないし、平均がゼロに近い値のときでも、過大な値になるので使い物にならない。

金融の世界では、株価の変動の激しさをボラティリティ（volatility）とよぶ。実際的には、株価推移の履歴データの標準偏差ないし変動係数に類するものを、ボラティリティとしている。ボラティリティの詳しい中身は、株価の変動を説明するための統計モデルに含まれる何らかのパラメータであり、どのようなモデルを採用するかによって微妙な違いがある。

分散と標準偏差は、学校の統計学の授業で習うせいもあってか、頻用されがちである。これらは、数学的にもいろいろな定理に顔を出し、主成分分析といったより高度な分析にもなくてはならない重要概念ではある。だが、「今日のデータ分析の実務には大雑把すぎる指標だ」と筆者は考えている。

例えば、四分位数を使う分析ならば、データ全体を代表する典型的な値として中央値を挙げるのに対し、分散を使う分析では平均がその座を占める。だが、「平均は典型的な値を意味しない」という批判をしばしば受ける。厚生労働省の調査[17)]によれば、2018 年の世帯所得の平均値は 551 万 6 千円である。この所得を「中の中」のど真ん中だと実感できる人は多くないだろう。億万長者の

16)　永田靖：『統計的方法の考え方を学ぶ』（日科技連出版社、2016 年）に、自由度のわかりやすい解説が掲載されていたので、以下、引用する。

「$n-1$ を自由度とよびます。$n-1$ をなぜ自由度とよぶのかについては次のように説明しておきましょう。x_1、x_2、…、x_n は独立した情報なので、平均の場合には n で割ります。平均を $n-1$ で割るという流儀はありません。一方、平方和 S を構成する偏差を 2 乗しないでそのまま加えると次のようになります。

$$(x_1-\bar{x})+(x_2-\bar{x})+\cdots+(x_n-\bar{x})=x_1+x_2+\cdots x_n-n\bar{x}=0$$

平均を求める式より、上式の 2 番目の等号が成り立ちます。すべての偏差の和は 0 になるという関係式が成り立つので、平方和 S を構成する n 個の偏差の情報から上の関係式の情報一つ分だけが減って $n-1$ 個の情報になると考えます。だから、自由度は $n-1$ です。」

17)　厚生労働省：「平成 30 年　国民生活基礎調査の概況」「結果の概要」「II　各種世帯の所得等の状況」（https://www.mhlw.go.jp/toukei/saikin/hw/k-tyosa/k-tyosa18/dl/03.pdf）

所得が計算に参入するせいで、平均の値は実感よりも上振れした値になっているためである。日本全体でいえば、平均より低い所得の人々が多いため、世帯所得の中央値となると423万円になる。これなら、平均値よりも「中の中」の実感に合う人はずっと多くなるだろう。

「範囲」と比較すれば分散と標準偏差は、極端な外れ値があっても、それが1個しかないなら、影響を受けにくい。少数の値が合算されて埋没する特性は、場合によっては長所である。しかし、「大きな外れ値がたった1つ存在するだけでも困る」という題材では欠点となる。そのような題材には範囲を使うべきである。

1.3のまとめ

多様性の尺度、すなわち多様度の王道はエントロピだが、用途によっては便利な尺度もある。

1.4 「同じ」とは何か？

(1)　同一性は簡単ではない

多様性は、異なるものが存在し得るということである。となれば、そもそも「異なる」や「同じ」をどのような基準で決めるのだろうか？　これを、多様度の分析の前に考えておかねばならない。だが、それは可能だろうか？

古代ギリシャ哲学の逸話に、プラトン（前427～前347年）が「人間とは、体毛のない、二本足で歩くもの」と定義したら、「樽の中の哲人」ディオゲネス（前400頃～前325年頃）が、毛をむしったニワトリを出して、「これが人間だ」とからかったというものがある。

ある食品会社では、ズワイガニを使って食品を作っていた。原材料リストにもズワイガニを入れてあった。ある日、ベニズワイガニが入手できたので、それを使って製品を作った。だが、ズワイガニとベニズワイガニは生物学上では異なる種であるので、原材料表示と食い違うことになり、製品を回収した。

では、「生物学上での種の分類が絶対の基準になるか」といえば、そうとも限らない。

同じ種の木であっても、森で育つなら大木となって大きな葉をつけるのに、盆栽ではまるで別種類のような小さな葉をつけることがある。遺伝情報が同じであっても環境に応じて姿などを変えることを**表現型の可塑性**という。たとえ種が同じであっても、外観や価値、機能についてまで同質性を保証することはできない。この例からわかるように、「どこからどこまでを同じとみなすか(同じカテゴリの範囲内にするか)」は、人によって、あるいは制度によって考え方が異なるのである。

一般論として、「物事の同一性の基準」に万人に共通して通用するものはない。しかし、経験的・慣例的に(社会的なコンセンサスとして)、ある程度統一のとれた「同一性の基準」を我々は共有している。それは、物事の実体や本質についてはかまわずに「何をするものなのか」という機能にだけ注目する観点によるもので、これによる多様性を**機能的多様性**(functional diversity)という。

日常生活で、我々は機能に注目して区別することが実に多い。氷と水蒸気は分子としては同一物であるが、例えば「氷はグラスへ、水蒸気は排気口へ」と通常は同一と見なさず区別する。その一方で「味や食感が似ているから」と、ズワイガニとベニズワイガニとは生物種が違うが同じような食材としてカウントする。

店でラーメンを頼んで、出てきたラーメンが自分の予想したものと厳密に一致しなくても、「まぁラーメンか」と感じれば文句を言わず食べるのが“常識”だろう。その程度には、人々の間での共通認識ができている。これは人が経験を積み重ねているから成り立っている慣例的な基準である。「厳密に考えると同一ではない物事でも、人間にとって同じと感じられること」を**主観的等価値**という。

ここ十年の深層学習技術の飛躍的な進歩で慣例的な基準を数理的な基準で明

示的に置き換えることが可能になった。例えば、ラーメンが写っている写真を人工知能に見せれば、「これはラーメンだ」と識別できる。静止画はおろか、ラーメンを食べている動画であっても、「これはラーメンだ」と認識できる。プログラムの計算工程は膨大なので、「どうやってラーメンを判定しているか」を短い数式では言い表せない。しかし、工程はどだい数値計算であるから、ラーメンの定義を数式で表せていることに違いはない。

このような理由から「同一性の基準は、今後は深層学習一本槍で決めればいいのではないか」という発想が、人工知能の学界にはある。深層学習で鍛えた人工知能に、肺のレントゲン写真を見せれば、肺に病気があるかを一瞬で識別してしまう。「その判定の精度は人間の専門家を上回る」という見解もある。

とはいえ、人工知能にも苦手なものがある。「文章の意味内容が同一であるか」の判定は、研究が進んではいるものの、比較的難しいといわれる。「A は B に勝った」という文は「B は A に負けた」と同一の意味である。これを人工知能に認識させるには、「勝つ」と「負ける」の単語の関係を教える必要がある。意味の解釈ルールを教えるわけだが、文章の表現は無数にあり得るから、いちいち教えるのではキリがない。「A サヨナラ。B 涙」とか、「B 必勝からのまさか。A 采配的中」といった表現は、おおむね同じ A の勝ち、B の負けを表現している。だが、こうした多様な文章表現一つひとつについて、その解釈のルールを明文化して人工知能に教えようにも、数が膨大すぎて実行不可能である。

ならば、「膨大な事例を形づくるルールの編纂（さん）自体をも人工知能に任せればよい」というアイデアもあり、さかんに研究されている。それほどまでに文意の自動認識は社会的に重要なのだ。例えば、ある会社に関する経済ニュースがインターネット上に配信されたら、それが好材料か悪材料かであるかを他者よりも 1 マイクロ秒（100 万分の 1 秒）でも先に読解して、株の売り買いの注文を出せば、株価の動きを先回りできるから、ほぼ確実に儲けることができるだろう。日々生成される膨大な情報を金に変えられる技術なのである。

(2) あえて名づけない、区別しないという戦略

「X は A であるか？」というラベルづけ問題を、そもそも回避する手段もある。

回転ずし店では、すしの現物がベルトコンベヤに乗って巡っており、客が単に回る皿を手に取れば売買契約は成立する。店は、すしの呼び名をつける必要がないし、客も呼び名を意識しなくてよい。ただ見た目が美味しそうなら食べればいいのである。ヒラメのエンガワは人気があるが、回転ずし店で回っているのはオヒョウというカレイ科の魚のエンガワかもしれない。客に「ヒラメのエンガワをください」といわれれば、オヒョウは出せないが、現物を回しているなら何の魚か名乗らなくても済むのである。オヒョウのエンガワもそこそこ美味であるから、わざわざラベルづけ問題にこだわらなくても、手っ取り早くエンガワを食べれるほうがありがたい客も多いだろう。

ラベルづけをしない商品の代表例は不動産である。賃貸物件は、いくらラベルをつけたところで、現場に出向いて現物を見てみないことには実態がわからない。一応は、「中野駅徒歩 15 分、25 平米、築 10 年、家賃 8 万円」などと、主な特徴量を使ってラベリングを試みるが、あくまで補助的な準備であって、同じラベルなのに雲泥の差がつく物件はごろごろある。そのため、これだけで契約締結までこぎつけられるとは到底いえない。結局、不動産店も回転ずしと同じく、客に現物を見せるしかないのである。

このように人間の衣食住には膨大な種数があり「多様性の権化」である。服や食べ物、住居、娯楽は、多種多様であり、そこに価値がある。ラベルづけや、平均値や標準偏差による要約的分析、可もなく不可もない標準品の提供、といった扱いはそもそも適さない。すべての商品をあるがままに、またすべての顧客もばらばらの個性をもって、あるがままに見る・見せるという売り方が正しい。これは現代のオンラインショッピングでまさに実現できている。

(3) 同一性を他者と共有するためのオントロジ

「不動産物件は千差万別であり、現物を見ないかぎり、完全には把握できな

い」と述べた。しかし、完全ではないにしても、そこそこのレベルで物件を表現したり理解することはできないだろうか。例えば、自分の理想に近い物件の候補をピックアップしたり、似た物件は似た物件同士でグループにまとめるという、同一性や類似度にかかわる情報処理をできないだろうか。

不動産店は、物件の情報をカードにまとめている。それを見ると、立地、家賃、外観、広さ、間取り、築年数、建物構造、交通アクセスといった主だった項目について情報が書かれている。2つの物件を見比べて、これらの項目が似ていればば、おおよそ似ている物件である可能性が高い。

この物件カードにはどのような項目を用意するべきであろうか。例えば、「床はフローリングか、畳敷きか」「収納はいくつあるか」といった項目を載せるべきか……などと考えていくと、「我々は不動産物件の存在をどのように捉えているのか」という、哲学の**存在論**（オントロジ）[18]の議論になる。

物件カードの項目は、無数に立てることができる。例えば「5年前に住んでいた人の年齢」といった、くだらない事柄を項目にするのも不可能ではない。だが、項目が多すぎると、「すべての項目で内容が同じ」という物件の組合せが見当たらなくなる。こうなると、「すべての物件は互いに異なる」という特性がクローズアップされていき、物件カードの用をなさなくなる。

こうした理由から項目を最適な数と内容に絞り混むことがオントロジ設計での主要な論点となる。

以上をまとめると、多様なものの存在の捉え方としては、次の階層を我々は使い分けているといえる。

- ラベル：例えば、「これは作業服である」と表現する。ラベルづけでは「どの程度まで定義するのか」が難問になり得るが、人々の間で慣例的な定義にもとづいて共有可能なレベルでラベルづけできれば、実用上は差し支えない。

18）「哲学の一部門で、存在または存在者を扱う。存在学ともいう。ラテン語ではオントロギア ontologia というが、これは、ギリシア語の on（存在者）と logos（論、説）からなる合成語であって、デカルト派の哲学者クラウベルク（1622–65）が初めて用いた。…（中略）…」（『日本大百科全書』）

- 項目：「これは、着丈120cm、青色、綿50%ナイロン50%、えり付き」と、主要な項目を述べ、物事を把握できるようにする。語るべき主要な項目を議論し、具体的に設計することが、オントロジの課題となる。
- 現物：「試着できますよ」と現物を見せれば、ラベルづけも項目立ても不要である。このとき、物事の同一性は、主観的等価値によって決まる。

1.4 のまとめ

「どこまでを同一とするか、しないか」は、用途次第。管理の労をいとわなければ、多様性を大幅に認める手段もある。

1.5　多様度は観点に依存する

ある観察対象について、「その多様度はいくらか」と漠然と問われても、答えることはできない。「何にどう着目するか」によって多様度の値が変わるからである。つまり、分析者には「分析の目的を明確にして、それに適切な多様度を定義すること」が求められる。

(1)　多様性は中庸の粒度に宿る

まず、**粒度**(granularity)の設定が課題となる。「物事をどの程度のまとまりで把握するか」という問題である。

微視的(microscopic)になる(物事を把握する粒度を細かくしすぎる)と、極論すれば「この世界は、高々、数十種類の素粒子が集まっているに状況にすぎない」という理解になるだろう。目の前で花が咲いても、戦争が勃発しても、素粒子のレベルから観察してしまうと、「物理法則に従った素粒子の単なる位置変化にすぎない」という理解になる。これはこれで事実であるが、実につまらない見方である。いつでもどこでも、この見方をするならば、多様性のない世界観になってしまう。

一方で、巨視的(macroscopic)になる(物事を把握する粒度を大きくしすぎる)と、「この世界は銀河の集まりであり、物理法則に従って動いているだけの状況」という理解になるだろう。惑星の表面で起こっている事件は宇宙全体には影響しないので無視できる。銀河も大宇宙にとっては粒に過ぎない。これは、「世界は単なる素粒子の集まり」という世界観と酷似している。微視の世界観も巨視の世界観も、結局は同様に多様性がなくなる見方なのである。

望ましい見方は、メゾスコピック(mesoscopic)である。すなわち、粒度を中間的なものとすると、多様性が広がる。例えば、この世界を10cm単位の立方体のメッシュ(網の目)で把握すると、「このメッシュには大トロの寿司がある」とか、「このメッシュにはショパン直筆の楽譜がある」といえる。10cm角の領域にある内容物の多様性は、この世の品物の種類の数ぐらいに増える。しかし、メッシュを0.1ナノメートル(nm)単位にしてしまうと、「このメッシュには素粒子があるか、ないか」というだけの微視的な世界観となり、内容物の多様性は激減する。その逆(例えばメッシュを100km単位にする)も同様である。このように、中庸なメゾスコピックな認識こそが、多様性の住処である。

我々は、状況認識をするうえで最も都合のよい粒度を経験的に知っている。例えば、他人から「今朝は何をしていたのか？」と問われれば、「朝食を食べた」などと答えるだろう。しかし、これが「箸を握り、皿の上の目玉焼きをつまみ、口を開け、目玉焼きを口内にいれ、口を閉じ、噛んで……」と、一挙手一投足を縷々述べる微視的な報告になると、理論的には間違いではないものの、相手をいらつかせるだけなので普通はしない。こういうやり方だと、状況の報告になっても、出来事を認識するという役目を果たせない。

このように事態を認識するうえで手ごろなまとまりを、動物行動学では**自然な単位**(natural unit)とよぶ。

(2)　多様性は階層構造に宿る

一般論として世の中の事物で多様度が高いものは、見方によっては多様度が低いといえる。秋葉原電気街や神田古書店街など、専門店が集中する地域は、店の業種はほとんど1つに絞られて多様度は極めて小さい一方で、そこでしか売っていないような商品があるので、商品の多様度は極めて大きい。「我々が何に注目するか」によって、多様度の値は大きく変わるのである。

生態学の世界では、環境の階層構造のなかでの種数の移り変わりに着目する。

例えば、ある島の植物の多様性を測ることを考えて、3つの地点(A、B、C)で1m^{2}の広さの地面に生えている草の種類を観察する。A地点では4種類の草が生えていた。B地点で同様に観察したら、草の種類はA地点と一致するかは不明だが、4種類の草が生えていた。さらに、C地点でも観察したら4種類であった。つまり、平均して4種類見つかったわけだ。このとき、「**α**(アルファ)**多様性**は4である」という。

次に、地点による草の種類の変化に注意を向けてみる。A地点で発見されなかった草がB地点で1種類あったなら、それは5種類目の発見とカウントしたくなるだろう。このように、A、B、Cの区分けをせずに、「島全体としての何種類の草があるか」を数え上げた種数を**γ**(ガンマ)**多様性**という。

α多様性とγ多様性とを比較すると、島の特徴がさらにわかるので、両者の比較のために**β**(ベータ)**多様性**という指標が登場する。それは、「γ多様性をα多様性で割った値」、あるいは、「γ多様性からα多様性を引いた値」と定義される。

β多様性が大(γ多様性が高い値なのにα多様性が小さい値)ならば、局所的には種が少ないものの、場所が変われば植生が大いに変わり、島全体では種類が多いということであるから、「高い山があれば、低い土地もある」とか、「尾根が入り組んでいて、地点ごとの環境に多様性が高い」と推測できる。逆に、β多様性が小(α多様性とγ多様性が近い値)ならば、「地形に変化の乏しい、のっぺりとした地形なのだ」と推察される。このようにβ多様性は島の地形の多様性を反映するのである。

α多様性やγ多様性は「ある器の中に入っている物の多様性」であり、β多様性は、「多様性の器の多様性」ともいえる。多様性は、こうした階層構造をもっている。

具体例をもう少し挙げよう。コンビニエンスストアは各店舗で多種多様な商品を置いているから、α多様性は大きい。しかし、どの店舗もほぼ同じ商品構成であるから、γ多様性はα多様性と同程度でβ多様性が極端に小さいという特徴が如実に出ている。つまり、β多様性を抑えて、経営の効率化を図るのがコンビニエンスストアをはじめとするチェーンストア[19)]の戦略だとわかる。

神田神保町の古書店街は、専門分野に特化した小規模な古書店が多く、それぞれにある書籍数は多くはないので、α多様性は小さい。だが、古書店全体で見れば多種多様な書籍をカバーしているからγ多様性は大きく、したがってβ多様性も大きいという特徴がある。γ多様性が大きいということは、客は「神保町にいけば本が見つかるのではないか」という期待をもちやすく、これが集客効果につながる。つまり、α多様性は小さいが、それぞれの古書店は得意分野に特化する「選択と集中」の戦略をとっており、その結果がβ多様性の高さに表れているとわかる。

なお本来は、このような分析には種数ではなくエントロピを使うほうが多様度をより正確に反映できる。しかし、β多様性は、「意味が直観的で、計算が簡便であり、頻度の少ないデータの変動に対して計算結果が安定している」という長所があるため、計算速度を優先したい場合には重宝する。

1.5 のまとめ

大きな多様度と小さな多様度は共存する。「何を1個とカウントするか」や、「どの階層を見るか」によって多様度は変わる。

19) 「国際チェーン・ストア協会の定義によれば、単一資本で11以上の店舗を直接経営・管理する小売業または飲食店の形態であるが、一般には、一つの企業が多店舗経営を行う形態をさしていう。この形態では、各店舗の経営は本部によって標準化され、集中的に管理される。仕入れは原則として本部が一括して行い、各店舗は販売に専念する。」(『日本大百科全書』)

第2章
多様性増減の原理と法則

多様性は、独自の論理で変化している。自然状態での変化もあれば、人為的な制御もあり得る。その原理と法則を見ていこう。

2.1　多様性を生み出す原動力

多様性が増える原因を探すには、まず多様性が極端に多いものを挙げてみるとよい。例えば、生物は途方もなく多種である。そのわずかな一部にすぎない「クモ属」だけでも約35,000種も知られているのである。経営学者のドラッカー(1909～2005年)は、「伝説によれば、ノアの箱舟に乗せてもらえたクモは1つがい程度だったろうに、実際はとんでもない種類がいるのだから、神は実は多様性を愛する」と述べている。

人間の顔や指紋、性格は、ほぼ全員が互いに違うといえるレベルである。

商業に目を向ければ、書籍や、音楽、映画、ゲームといった芸術ソフトは極端に多品種である。

これらが、途方もない多様性を獲得したメカニズムは、①多様性の発端となる新種の発生しやすさと、②ゆらぎが拡大される誘因の存在という、2段構えから成り立っている。

例えば、インフルエンザウィルスに亜種が多い理由で考えてみよう。インフルエンザウィルスは、RNA[1]ウィルスであり複製において、ミスを修正する能力をもつDNAウィルスに比べ遺伝子情報の保持が不安定であり、突然変異が起こりやすい。その結果、ウィルスの表面構造が頻繁に変わる。

ウィルスに対抗するために作られる抗体は、表面構造とかみ合って効果を発揮するのだが、シーズンごとに表面構造がころころと変わっては、過去に罹患したインフルエンザに通用する抗体をもっていても無駄である。つまり、亜種が乱造されるウィルスのほうが栄えるという誘因がある。

今まで存在しなかった新たな種が出現することとなる主な発端として、以下(1)〜(8)の要因が挙げられる。

(1)　情報複製のゆるみ

どのような種にも、自己複製の能力は備わっている。もし能力が全くないなら、次世代はランダムなものが生まれ、種が継承されず、種として成り立たないだろう。

しかし、親子の同一性があまり保たれないメカニズムで自己複製をするものがある。そのような事態が起こる代表的な例には以下の２つが挙げられる。

① 情報を正確にコピーすることが難しい場合

インフルエンザウィルスのようにRNA ウィルスは多様性が大きくなる。古典の書籍は、印刷術が発達する以前は、もっぱら手書きによって複製されていたため、異本の種類が多くなる[2]。

② 地理的に遠くに離れた場所にある場合

---

1)　医学生物学研究所：「RNA」(https://ruo.mbl.co.jp/bio/product/epigenetics/article/RNA.html)によれば、RNA の特徴および DNA との違いは以下のとおりである。

「RNA は DNA と同じ核酸で、ヌクレオチドと呼ばれるリン酸・塩基・糖から成る基本構造を持ち、ヌクレオチドが連なった構造(ポリヌクレオチド)をとります。RNA は、転写により一部の DNA 配列を鋳型として合成されます。DNA と RNA の違いは３つあります。まず、(引用注：DNA が二本鎖(二重らせん)であるのに対して)一本鎖のポリヌクレオチドであることです。二番目は、糖の種類です。RNA の糖(リボース)は、酸素分子が DNA の糖(デオキシリボース)より一つ多いことです。三番目は塩基の種類です。DNA の塩基は A、T、G、C ですが、RNA は T のかわりに U になります。」

2)　『図書館情報学用語辞典(第４版)』によれば、「初期(引用注：４世紀以前の西欧)の書物形態である巻物(巻子本)は、読むのに不便で時間がかかり検索も困難であったが、ヨーロッパでは４世紀頃からコーデックス(引用注：冊子本の原形)が一般的となり、書物の一覧性や検索機能ばかりでなく保存性も著しく向上した。」とある。手書きによる複製は、西洋で15世紀の中頃にドイツ人グーテンベルクが活版印刷(活字を組んだ版を使って印刷する凸版印刷の一種)を開発し、その後出版物の主要な印刷方式となるまで主流だった。

遠くに離れた群れ同士は、情報を正確に伝えることは難しく次第に互いの情報を交換することが困難になり、互いに別の種へとずれ動いていく。キリスト教も仏教も、発祥地からの方角ごとに宗派が分かれて伝わっている。

(2) 一元的な管理統制力の不存在

全体を一元的に支配する勢力が存在せず、地域ごとに群雄が割拠している状態では、当然のことながら、さまざまな事物にて地域差が生まれやすい。

工業製品の規格なら、強い企業による一強支配が存在する場合、その社の仕様がデファクトスタンダードとなって多様性はなくなる。逆に、多数の企業が乱立している場合、各社が勝手に互換性のない製品を作ってしまう。デファクトスタンダードの座を狙って、激しいシェア争いが起こることもある。

指紋は、各人がばらばらである。指紋は皮膚の極めて局所的な制御によって作られているため、広い範囲で見れば結果として統一的な計画のない模様となり、その多様度は人類の人口を上回っている。

人間の言葉も、自然状態では共通性を保つための統制がかからず、徐々に方言の差が拡大していく。全員が明文化された文法ルールを厳格に守っていれば、方言の差は抑えられるだろうが、実際にはそうではなく、地域ごとの慣例が明文化されたルールよりも支配力をもつ。

全世界を一元的に統制する超大国や世界宗教、超巨大企業は滅多に出現しないので、人類社会全体は常に分化し多様性を増やす傾向にある。

15 世紀頃から活版印刷が普及しはじめると、「これで人々が本に接する機会が増え、文語であるラテン語を使うようになるだろう」と、当時のヨーロッパの知識人は考えた。本は、知識人の共通語であり読者数が多いラテン語で書くことが常識であったからだ。例えば、ニュートン(1642 ～ 1727 年)の代表著作『プリンキピア』(1687 年)[3]はラテン語で書かれている。だが、出版コストが低廉化するにつれ、採算をとるのに十分な読者数が、地方言語のなかだけでも得られるようになった。その結果、文語におけるラテン語の 1 強体制は没落して、国ごとの「標準語」[4]が台頭した。

(3)　新規参入の容易さ

多様性は、別の種が新規参入することでも増える。

国家が拡大して、他民族の領土を併合すると、帝国自体が人種や文化の面で多様化する。ポルトガル人が航海術を発達させ日本に来航(1543年)すると、日本の文化に南蛮趣味という新たな流れが生じた。このように行動範囲の拡大化や、地理的障壁の消滅は新種との接触を生み、多様度を増大させる。

新規参入が容易な業界は、多数かつ多様な企業がひしめく。ユーチューバーのように、スマートフォンの１台もあれば始められる業界では、無数の人々が日々新規参入している。新人採用の選考過程で学歴不問とする企業では、より多くの人が応募できるから、参入障壁が下がり、候補者は多様になる。

新しい産業分野は、全員が新参者であり、新規参入乱発の影響が最も強く現われる。特に、先例が存在しないという要素が大きい。物事は、何かと先例に従って決められることが多く、成功した先例を真似すれば手堅く成功できるからである。しかし、先例がなければ各自が勝手にばらばらに決めてしまう。例えば、鉄道のレールの軌間や電力の周波数や電圧などは、黎明期に各国や各社によって無統制に決められてしまい、未だにばらばらの弊害を残している。

(4)　現物合わせ／特注品／共通性の乏しい過度なカスタマイズ

共通の基準や規格に合わせるのではなく、個別に対応すると、作られるもの

---

3)　「原題は《自然哲学の数学的原理 Philosophiae naturalis principia mathematica》だが、一般に《プリンキピア》と略称される。近代力学を完成させたといえるこの書物はラテン語で書かれ、3編から構成されている。まず、序文に続いて、基本的な力学概念、〈物質の量〉〈運動の量〉〈力〉が定義され、〈絶対的な時間〉と〈絶対的な空間〉が説明される。…(中略)…」(『世界大百科事典』)

4)　標準語は「一国の教育、放送、行政などに使われる模範的な言葉」であり、「首都や文化的中心地の言葉が基盤となることが多い」。また、標準語は、「印刷された書き言葉として、近代国家の確立と結びついて普及することが多いが、今は放送での話し言葉における標準も重要」(以上、『世界大百科事典』)とされる。

の種類が増えてしまう。

日本が太平洋戦争(1941 ～ 45 年)で米国に苦戦することになった原因の一つに、工業製品の品質管理の悪さがしばしば挙げられる。

前線で兵器が壊れ、部品の交換が必要になったとしよう。通常は、後方から部品を調達するし、最悪でも他の故障品からまだ使える部品を抜き取って使う**カニバリズム**という方法もある。しかし日本軍では、部品の寸法がばらばらで合わないために修理に使えないというトラブルが多発した。

精密さを求められない通常の部品で 1mm 程度の寸法のズレなら、削ったり押し込んだりしてごまかせよう。だが、穴に回転や摺動(しゅうどう)する軸をはめるという「はめ合い」の場合は、穴と軸の直径を、1mm の 1000 分の 1 であるμm(マイクロメートル)単位で調整し、絶妙なすき間である「寸法公差」を開けなければならない。すき間が若干足りないだけでも、それを回転させれば摩擦熱により壊れる。すき間が広すぎると、回転中にガタガタ振動がはじまり崩壊する。旋盤などの重厚長大な工作機械を使い、μm 単位の精度で金属を削るという絶妙な手加減は、当然、熟練を要する。しかも、兵器には回転部が非常に多いから、熟練工の不足は深刻な問題になった。

戦争中は兵器増産の掛け声のもと、とにかく生産台数だけを増やす方針をとったため、寸法公差を守れなくなった。穴にはめる軸を削る際は、その穴に良好にはまるようになるまで軸を削りはする。目の前の部品にだけは合うという、**現物合わせ**である。だが、直径の寸法は数値として計っておらず、公差も考えていない。その軸の直径が別の兵器の同一箇所の穴に対しても良好にはまるという保証はない。あくまで、特定の兵器現物にだけ合っているだけである。こうして、日本軍の兵器は部品の取換えが利かないものになった[5)]。

特注品は、現物合わせのようにずさんに製造していなくても、同様の共通性のなさという問題を生じ得る。特注品は一つひとつが新たな商品種となり、多様度を押し上げるためである。

(5)　複数解の併存

さまざまな現象が起こり得る状況では、複数の結果が実際に出現し、多様性が生じる。

坂道にボールを置くと下に向かって一方向に転げ落ちていく。だが、峠の頂上は、下向きの坂が２つ合わさっている地点なので、落ち方もどちらの坂に落ちるかで２通りになり、２種類のパターンが生まれる。

このとき、峠の頂点に絶妙のバランスで留まり続けるという解も考えられる。しかし、遅かれ早かれ、バランスは崩れ、どちらかに傾き転落していく運命にある。量子力学の不確定性原理[6]を持ち出せば、万物は揺らいでおり、じっと静止しているものは存在しないからだ。

「どちらでもよい」が生み出す多様性の事例は多数ある。「道路での右側通行と左側通行の違い」「電力の周波数や電圧の違い」「電気のコンセントの形の違い」などは、どれでもよいという事情から淘汰も統一もされずに併存している。

複数解は、「峠の２択」のような単純なケースばかりではなく、非単調な関数が作り出すこともある。これは例えば、需給関係が挙げられる。

ミクロ経済学[7]では価格が安ければ需要は増え、高ければ減るという、単調

---

5)　日本科学技術連盟：「米国における品質管理と信頼性」(https://www.juse.or.jp/reliability/feature/)によれば、兵器の標準化と品質を重視し、本格的な統計的品質管理を行っていた米軍の兵器にさえ「信頼性」に大きな課題を抱えていたという。

「米国政府および軍部は、厳格な軍の仕様に基づき、厳正に製造された機器については自信を持っていたため、規定の検査に合格すれば、良品との判断」をしていたが、「厳格な品質管理の技術で作った電子機器が輸送や保管の過程で性能が維持できないという問題に悩まされ」たという。具体的には、「第二次世界大戦中に米軍が使用した兵器には、より複雑な電子システムが次々に導入」されたが、「極東に船で輸送された航空機用電子機器のうち、60%のものが目的地に到着した時点で使用不能になったり、倉庫で保管されていた機器、予備品の50%が使えなかった」「無線通信機のトラブルも頻発して」いたといい、この課題への対処から reliability(信頼性)という概念が生まれた(信頼性工学の考え方は**3.5 節**(4)で触れている)。

6)「原子や素粒子などの微視的世界の粒子の位置と運動量を測定すると、粒子の状態が同じであってもこれらの物理量の測定値は一般にばらつく。この場合、ばらつきの大きさの間には定まった関係がある。この関係を原理のようにみなしたとき、この関係を不確定性原理という。ドイツのハイゼンベルクが1927年にみいだしたものである。」(『日本大百科全書』)

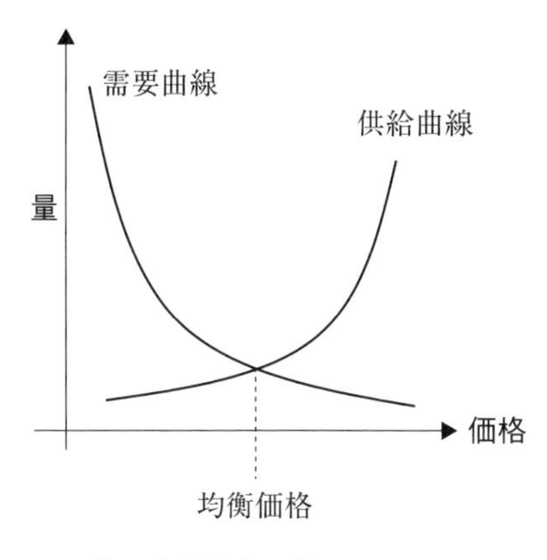

①よく教科書に載っている図

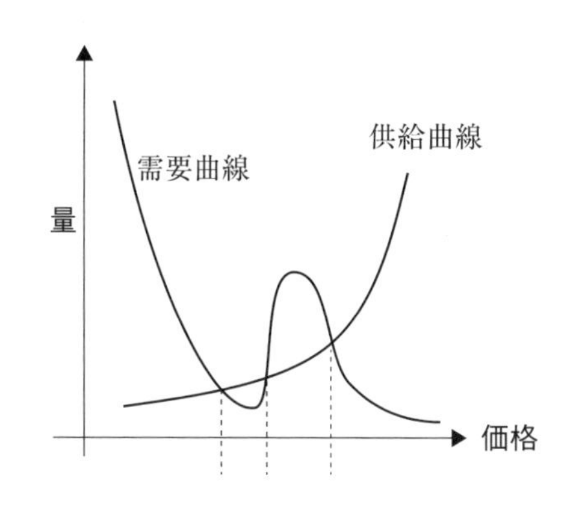

②高値に値頃感がある場合

図 2.1　非単調な需要曲線と供給曲線は、価格を多様化する

性をもつことを原則としており、「単調な需要曲線と単調な供給曲線が、唯一の交点で交わる点で価格が決定する」と説明される。

しかし、実際のケースはしばしばこの原則から外れる。「ある口紅を 500 円で売っていたら、あまり人気がなかった。そこで値札を変えて 3,000 円にしたら、高級感が出て売り上げが伸びた」といった事例は珍しくない。この場合、需要曲線は 3,000 円付近で盛り上がりをもっており、単調ではない（**図 2.1**）。当然、供給曲線との交点も複数できてしまう。

（6）　障壁を超える外乱

多様性が低い状態で安定していた状態に、外部から強い干渉力が加わると、一気に多様性が増えることがある。

---

7)　「個々の消費者（家計）や企業（生産者）などの経済主体の動きを微視的（ミクロ）に分析し、市場を通じて財（モノやサービス）の配分や価格決定がどのように調整されているかを考察する学問。とくに、市場原理を重視するシカゴ学派などではミクロ経済学を「価格理論 price theory」とよぶ。経済主体を巨視的に分析するマクロ経済学と並び、経済学の大きな柱である。」（『世界大百科事典』）

大航海時代[8]には、はるか遠方から物資や情報、そして軍事力までもが行き交った。こうした交流により、それまでの人類の文明は地域ごとにまとまった局所的なものであったが、一気に世界規模のつながりをもつようになった。日本に西洋文化や、新しい農作物、宗教、機械、病気がもたらされたように、社会は飛躍的に多様化していった。

通常は、外部からの影響が、必ずしも大きな影響を起こすとはいえない。例えば、ある島へ、外の動物が１頭だけ漂着したところで、つがいではないから子孫を残せず、すぐに絶滅するだろう。このように、たいていのシステムは、外乱を防ぐ障壁を多かれ少なかれもっている。

だが、この障壁をいったん乗り越えると、多様度が増えるチャンスが訪れる。ガラパゴス諸島に棲息（せいそく）する動物は、島ごとに種が異なるなど、その多様度の大きさで有名である。それらの祖先が、絶海という障壁を乗り越えて諸島にたどり着いたときには、おそらく１種類だったと思われるが、ひとたび安住の地を見つけると、新天地に適応して新たな種となっていく。

台風や洪水、津波などの大きな外乱は、多様度を高める役割を果たしている。これらの外乱には、種を遠くの新天地に運び、障壁を乗り越えさせるという作用がある。この他にも、優勢な種が１種だけ繁栄し、他の種を圧迫して天下統一しそうなところへ大打撃を加え、再び乱世に戻すという、まるで独占禁止法のような役割も果たしている。巨大隕石のように種を根絶やしにするほどの大規模撹乱は多様度を激減させるが、それより弱い中規模の撹乱（かくらん）は多様性を増やすという考え方が、**中規模撹乱説**（intermediate disturbance theory）である。

生物は、通常は親からのみ遺伝情報を受け継ぐが、ウィルスによっても情報を得る。これは自分の祖先がもっていない情報を得ることになり、それが益か害かは別として、多様性を大幅に高めることになる。生物にとってかなり基本的な遺伝情報ですら、もともと自分自身はもっておらず、ウィルスが持ち込ん

8）「西ヨーロッパの15世紀初めから17世紀初めにかけて、イベリア半島の２国（ポルトガル、スペイン）をその先導者とし、それまでの地中海世界から目を地球全域に向け、主として大洋航海によって、それまで伝説的・空想的領域にあった世界の各地が、探検航海により次々に現実に確認されていった時代をいう」（『世界大百科事典』）

でいた事例が、最近の研究で多く発見されている。ウィルスは有害な寄生者とは限らず、有益な存在になる場合がある。細胞内器官のミトコンドリア[9)]も、もともとは別の生物であり、はるか昔に外部から細胞に入り込み共生を始めたとされる。

(7)　外部の多様度の反映

システムそれ自体に多様性をもつ理由はなくとも、外部から多様性が持ち込まれる場合がある。

日本の森には実に多種多様のキノコがある。しかし、それぞれのキノコは、特定の木にしか共生や寄生ができない。例えば、マツタケはマツ類の林でなければ生えてこない。一つひとつのキノコを見ていけば、その生活環境は多様度が極めて小さいのである。日本のキノコ類が多様に存在すると見えるのは、日本の植物が多様であることの結果である。マツがあるからこそマツタケがあるのであって、森林の樹木が単調ならキノコの種も激減するだろう。日本の食生活は、さまざまなキノコを使い分けており、キノコが食事の多様度を大いに増やしている[10)]。つまり、日本の環境の多様性がキノコの多様性を生み出し、キノコの多様性が和食の多様性を支えている。

自動車保険には、被保険者である顧客を多段階に分類する**等級**という制度がある[11)]。顧客には、事故に遭遇する確率が高い人もいれば低い人もいて、多様である。事故の確率は、職業や使用頻度、運転態度といった、属人的な理由に帰することができる。等級を分けず一律の保険料であると、事故確率が低い顧客にとっては、自身の事故のリスクに対して割高な保険料を払うことになってしまう。これでは保険が売れないので、等級制度によって顧客の多様性を処

---

9)　「光学顕微鏡では糸状または顆粒状に観察される細胞小器官。ミトコンドリアの主な役割は、酸素呼吸を行って物質を酸化し、そのとき放出されるエネルギーを利用してATPを合成することである。ミトコンドリアには固有のDNA(ミトコンドリアDNA)が含まれており、その遺伝的変異を数量的に解析することによって、人類の起源や人種間の類縁関係などが明らかにされつつある。」(『現代用語の基礎知識 2019』)

10)　「日本での食用キノコは、地方的なものも含めると、およそ200～300種と考えられる。」(『日本大百科全書』)

理することになる。

日本のレストランでは、豚肉や酒が非常によく使われている。これらはイスラム教徒にとっては微量であっても宗教的な禁忌である。醤油の醸造でも一部にはアルコール発酵が発生するので、厳格には酒と見なされ得るから、日本のレストランのほとんど全部のメニューはイスラム教徒が食べられないものと疑ってよい[12]。日本社会が多様化し、イスラム教徒の顧客が増加すれば、イスラム教徒専用のメニューを備える必要が出てくる。

財閥[13]が経済を牛耳(ぎゅうじ)る国家では、過当競争が起こる。ある財閥が経営しているホテルでは、自動ドアもテレビも自動車もビールも歯ブラシも、すべてのものがその財閥の系列メーカが作ったものにそろえられる。「歯ブラシの市場が本来何社で分け合うことが適当であるか」とは関係なく、すべての商品の市場

---

11)「損害保険料率算出機構」(「損害保険料率算出団体に関する法律」に基づき設立された団体)によれば、自動車保険や傷害保険などの損害保険の保険料率は、「①純保険料率(事故発生時に損害保険会社が支払う保険金についての保険料率)」と「②付加保険料率(損保会社が保険事業を営むための必要経費等についての保険料率)」から構成されている。
損害保険料率算出機構では、この「①純保険料率」について「会員保険会社から報告された大量のデータに基づき、精度の高い保険統計を作成したうえで、これらの保険数理を用いて、将来発生する事故によって支払われる保険金などを予測」して算出している(以上、損害保険料率算出機構：「自動車保険参考純率」(https://www.giroj.or.jp/ratemaking/automobile/))。

12) withnews：「ドバイでしょうゆ「禁止」　想定外のその理由…当局の不可思議な対応(2017/09/18)」(http://withnews.jp/topics)では、朝日新聞記者がキッコーマンへ取材した話として、国内産のしょうゆのアルコール度数について「およそ3%、減塩しょうゆは5%程度」と紹介している。これはビールやチューハイのアルコール度数(5%)の水準に近い。そのため、記者は「ドバイには日本から直輸入した食材を扱う「日本食材店」がいくつかあり、日本でつくったしょうゆも売られている。当局はこうした商品を検査したのではないか」と推測している。なお、アラブ首長国連邦7首長国の一つであるドバイでは、外国人でも政府指定の場所以外での飲酒は厳禁である。

13)「広義には、家産(引用注：一家の財産)を基礎とし、同族支配に特徴づけられた企業集団を指すことばで、ロックフェラー財閥…(中略)…などと使われるが、狭義には、第2次世界大戦前の日本におけるファミリー・コンツェルン family Konzern を指す用語である。大は三井財閥、三菱財閥、住友財閥の三大総合財閥から、安田財閥、川崎財閥などの金融財閥、浅野財閥、大倉財閥、古河財閥などの産業財閥、小は数十に及ぶ地方財閥が存在したが、家族ないし同族の出資による持株会社を統轄機関として頂点にもち、それが子会社、孫会社をピラミッド型に持株支配するコンツェルンを形成していた点に共通点がある。」(『世界大百科事典』)

で財閥の数だけメーカが出現する。外部の多様度が、どの市場にもコピーされてしまうのである。とはいえ、小さな市場にすら全財閥が参戦しては採算がとれないから、やがては財閥の垣根を越えた合併が起こる。

(8)　多様度への人為的な導入

多様性の益をねらって、人為的に多様度が増やされる場合がある。そこでは少数派が保護される。その典型例は独占禁止法であり、独占と寡占の弊害を除去するために、企業の分割といったかなり強権的な干渉すら起こり得る。

一種類だけしかないという状況はリスクが高い。全財産を1銘柄の個別株だけに投資することは、ハイリスク・ハイリターンである。通常の投資法では、わざと複数の株を組み合わせて、リスクを緩和する方法が推奨される。仕事の発注や、部品の供給先も、1社だけに頼り切っているとハイリスクであるから、意図的に複数社を用いる。

就職採用でも、**採用枠**という概念を用いて、多様度を一定の値まで高める手法がしばしば使われる。単純に、成績上位者の集団を採用してしまうと、人材の特技や特性が似通っているので、1銘柄投資のようにハイリスクになる。そこで、「中国語が得意な人枠」「数学が得意な人枠」「苦労人枠」などとさまざまな観点で採用枠を設定し、採る人材を多様化する。特徴の異なる人間同士が組み合わさることで、互いの欠点をカバーすることができるからである。

結婚では、多くの時代や社会において、近親婚は禁じられている。科学的には、近交弱勢(有害な遺伝子が発現すること)を防ぐためという目的があるが、科学が未発達だった大昔から経験的にその害は知られていた[14]。日本では3親

---

14)「両性が共通の遺伝子をもつ確率が高いから、子には両親には潜在していた劣性の有害遺伝子がホモ接合となって発現する可能性が多い。その結果生存率の低下がみられる(近交弱勢)。日本では三等親(例えば叔父―姪間)以内の者どうしの結婚は禁止されている。ほとんどの社会では近親婚はインセストタブーとして忌避されているが、ヒト以外の霊長類でも親子や血縁の近い異性の間では交尾が起きにくい傾向がある。一定の親族集団に属するものどうしが結婚してはいけない外婚制をもつ社会も多い。ただ外婚制の成立には、近親婚による近交弱勢の現れを防ぐ効果に加えて、ヒト集団どうしが姻族関係を通じて団結し闘争を避けるという効果もある。」(『岩波 生物学辞典 第5版』)

等以内の結婚は禁止である。また、人の出入りが少なく遺伝情報に多様性の少ない部族社会では、多様性を増やすために遺伝子を念入りにシャッフルする婚姻のルールが存在する。オーストラリアの先住民がもつ複雑な婚姻ルールの事例はレヴィ＝ストロース(1908 ～ 2009 年)[15]の研究で有名である。

近交弱勢は、家畜の交配でも注意が払われるので、時折、縁遠い個体同士を交配させることで多様性を保つ。チャールズ・ダーウィン(1809 ～ 82 年)は『種の起源』(1859 年)のなかで、「犬種の改良のために野生のイヌ科の動物と交雑させるという技が、古代から存在している」と紹介している。

中国の戦国時代[16]では、国ごとに車の軌間を違(たが)えてあった。道路に刻まれるわだちが、隣国の車両には合わないようにして侵攻を防ぐねらいである。第二次世界大戦の独ソ戦[17]においても、両国の鉄道の軌間の違いが守備に有利に働いた。産業の世界なら、こうした外国勢力への邪魔立ては、非関税障壁[18]ということになる。

2.1 のまとめ

多様性の発端は、制御や統制の弱さである場合が多い。

---

15) 「現代フランス人類学を代表する学者。人類学の方法論としての〈構造主義〉を主唱し発展させ、それを適用して 19 世紀以来人類学の主な研究領域と見なされてきた親族関係の研究あるいは神話研究で、人間科学の領域では今世紀最大とも思われる業績を上げてきた。」(『世界文学大事典』)

16) 「中国、東周の後期。一般に晉が三分された前四〇三年から秦の成立する前二二一年までの動乱期をいう。周室の権威が失墜し、諸侯はそれぞれ王を称したが、やがて有力諸侯が戦国の七雄として割拠、互いに覇を争った。」(『日本国語大辞典』)

17) 「第二次大戦中の 1941 年 6 月、独ソ不可侵条約を破って、ドイツがソ連を攻撃して始まった戦争。ドイツ軍はモスクワまで迫ったが、スターリングラードの敗戦以後敗退を続け、1945 年ベルリンが陥落、ドイツの無条件降伏に終わった。」(『デジタル大辞泉』)

18) 「政府が、国内で取引される商品と外国との間で取引される商品とを差別するように、関税以外の方法で直接間接の選別的規制を行うのを非関税障壁という。NTB と略称される。」(『日本大百科全書』)

2.2　ゆらぎが拡大される誘因

最初は、わずかな多様度であっても、それが次第に拡大されるという現象があり得る。その原動力として次の誘因が挙げられる。

（1）　資源が豊かな環境

豊かな環境は、多様性を拡大する。

熱帯雨林では生物の多様性が大きい。太陽から降り注ぐエネルギが大きいため、生物の量が多く、成長も速い。つまり、餌が多いのである。よって、環境への適合度に少々の問題を抱えている生物種であっても、生き残るために必要な糧を得ることができる。突然変異で発生した種でも、すぐには絶滅せずに済むチャンスが大きい。こうして、たとえ適合度が最高ではない種でも生き残り、生物種が増える。

企業の存立についても、こうした環境要因の役割は、同じことがいえる。好景気の国はベンチャー企業が育ちやすい。

しかし、豊かすぎると生存競争が激しくなりすぎてしまい、かえって多様度が減ることもある。自動車や携帯電話の市場は、巨大な需要に支えられ、豊かさこのうえない環境にあるが、競争への参加者は極めて限られている。既存の参加者は豊かな市場の力を得て強大な力を備えており、トップ集団以外はすぐに弾き飛ばされてしまうからだ。この事情により、多様性の最大値は、ほどほどの豊かさにて見つけ出されるものである。

（2）　多様な環境

環境それ自体の多様度も、そこに住むものの多様度を高める。

例えば、南北に長い島があり、はじめは中央部にクモが１種類だけ生息していたとする。しかし、南北で気温が異なるから、寒い地域では寒さに強い特徴をもつ個体が多く生き残り、温かい地域では暑さに強い個体の割合が増える。そして長い時間が経てば、南北のクモの違いは種の違いの域に達する。

北に特化した生物は遠い南へは進出できないが、島の中央部ぐらいまでなら多少は分布できるだろう。また、南の生き物も中央部までなら来るチャンスがあるだろう。このように、領域の中央部は、各方面に生息する生物が入り交じるため多様度が高くなる。これを**中領域効果**(mid-domain effect)という。実際、南北に長いマダガスカル島(インド洋の島国)ではこの効果を見て取れる。

森林を見ると、日向(ひなた)を好む植物もあれば、日陰を好む下草もある。日の光を多く受けるために葉を大きくした植物は、川の近くでは洪水で流されやすいため繁栄できない。こうした環境のごく局所的な違いも、生物種の多様度を高める要因となっている。

経済でも環境の多様さは同じ効果をもつ。通常なら需要が少なくてビジネスとして成立しないような特殊な業種であっても、大都市や大国ならば、人口が多く、需要が多様であるため、企業存続に必要な量の仕事を得られる。

(3)　競争による多様度の増大

多様度が生存を強く助ける場合は、多様度は拡大される。

インフルエンザウィルスは遺伝子が不安定で変化が激しく、そのため前回罹患して得た免疫が利かなくなる。つまり、不安定で多様であることが、ウィルスの存続に決定的に有利に働く。そのため、次々と新種が生み出され、多様度が高まる方向に進む。コンピュータウィルスの世界でも事情は全く同じで、検出されにくくするために自身の外見を変える**ポリモルフィズム**の能力を備えるコンピュータウィルス[19)]が出現した。

逆に、防御する側も多様性がなければ淘汰される。一つのパスワードだけで守る情報セキュリティ体制では侵入されやすい。そこで、パスワードと大きく異なる指紋などの多様な認証情報を併用する**多要素認証**が使われることがある。

人間は、それ単体で生命システムを為しているというよりは、腸内細菌や皮

19)「ファイルに感染するたび、自分自身のコードをランダムに暗号化させる特徴をもつ。ウイルス定義ファイルを利用して検知するという従来の手法では検出できないため、ウイルスの疑いがあるコードを仮想環境で実行し、その挙動から悪意あるウイルスであることを判別するという手法が用いられる。」(『デジタル大辞泉』)

膚常在菌などとの共同体、すなわち「ヒト常在菌叢(そう)」というべきである。ヒト1人の細胞数は10の13乗個であるが、常在菌の数はそれより多いので、人体というシステムでの主役は常在菌であるといえなくもない。ヒト細胞はどれもヒトという意味では1種類であるのに対し、常在菌は1000種類を超える。ヒトはさまざまな仕事を常在菌にいわば外注することによって、その能力を利用し、生存できている。多様であることは強みであり、そのように進化してきたのである。

(4) 初期値鋭敏依存性

多様度の発生には、ランダム要素や強い外乱を必ずしも必要としない。ほとんど観測できない程度の微細な差が種となって、結果的に大きな多様性を生むことがある。

例を挙げよう。**ロジスティック写像**という数学的な操作がある。まず、0より大きく1より小さい何らかの数字を1つ挙げておく。それを a_1 としよう。次に、

$$a_{i+1} = 4a_i(1 - a_i)$$

という漸化式に従って、数値を操作していく。

この操作を何回も続けていくと、最初の数字の値が少し違っただけで、最終結果の値が大きく変わってしまう。例えば、初期値 $a_1 = 0.3$ として始めると a_{10} は約0.99になる。だが初期値がほとんど同じ $a_1 = 0.31$ で出発すると、a_{10} は約0.46とずいぶん異なる値に行きつく。これを初期値鋭敏依存性という。小さな違いが結果を大きく変えてしまうので、初期値を完全に誤差なしで計測できない限りは、遠い未来の結果(数値)を予測することは事実上不可能になる。

偶然性が全くない状況(始めが決まれば終末も一つに決まってしまう決定論的な状況)であっても、実験結果が毎回大きく変わることはあり得る。人間には計測できないほどの微細な差が、実験の初期条件に含まれているだけで、結果は巨大な差となり得るのである。このような状況を**決定論的カオス**とよぶ。

初期値鋭敏依存性があるシステムでは、同じように始まったとしても、結果

はそろわず多様になる。

(5) 多様性自体が多様性を呼び込む

多様なものほど、ますます多様になるという加速現象がある。これは、インターネットの世界では顕著である。

インターネット通販のウェブサイトでは、多様な出店者が存在するウェブサイトこそが、買い手にとっては望ましい。よって、そのような大手のウェブサイトに客が集まる。また、売り手にとっても、多様な客がいるウェブサイトのほうが有利である。こうして、多様な利用者が訪問するウェブサイトは、ますます発展し、一人勝ちの様相を呈(てい)する。

インターネット通販の世界では、在庫量や売上高といった単なる量は、その重要度が薄れつつある。量より質であり、多様性こそが価値の核心である。1種類の商品の在庫が100個あるウェブサイトよりも、100種類の商品が1つずつあるウェブサイトのほうが、売り手と買い手をマッチングさせやすい。量より種類がものをいうのである。

今や多様性それ自体が目的化しているといえる。ソーシャルネットワークサービス(SNS)のウェブサイトは、通販や広告といった具体的なビジネスの土台にすることはできるが、それは副次的なメリットである。SNSサイトの意義は多様な人が集まっていることにある。人が集まっていれば、後からビジネスはいかようにもできるが、ビジネスを先行させて人を増やそうとしても、そううまくはいかない[20]。

(6) ニッチ化

ニッチ(niche)とは、もともとは壁龕(へきがん)(飾り物等を置くため作られた壁の凹み)をいい、「狭いながらも快適な場所」という意味で使われる。生物や企業と

20) このように「ある財・サービスの利用者が増加すると、その財・サービスの利便性や効用が増加すること」(『デジタル大辞泉』)を「ネットワーク外部性」という。なお、「外部性」とは、「経済学の用語で、ある経済主体の活動が、市場での取引を経ることなく他の主体に与える影響を言う。」(『プログレッシブ ビジネス英語辞典』)

いう主体がすべての事態に適応することは困難なので、そのようなことはそもそも諦めて、代わりに特定の狭い範囲内でベストであろうとすることが多い。

生態学ではニッチのことを**生態的地位**ともいい、ニッチという現象を主として棲み分けの側面を考えている。「どこで、何を食べるか」を、他種と被らないようにして、競争を避けるのである。マツタケはアカマツの林にしか生えない(他の林に生えても良さそうなものであるし、そのほうが森林面積は圧倒的に広いはずである)。競争相手がひしめき乱戦を繰り広げている場(レッドオーシャン)に打って出ることも戦略としてはあり得るが、そうなっていないところを見ると、競争を避けニッチに特化するほうが有利なのだろう。

生物がそれぞれ別方向に進化を遂げ、他者も狙っている資源に手を出さなくても済むようになれば平和だ。このような進化を**形質置換**(character displacement)という。特定のニッチのなかで競争関係にある生物同士が、互いに形質置換をして相手を避け、棲み分けるのである。これを**ニッチ分割**(niche partitioning)という。多くの動物にとってタマネギは毒である[21]が、人間には毒ではないので、平和にタマネギを独占できるのである。

経営学では昔は、ニッチは「すきま産業」という文脈で語られることが多かった。つまり、大手企業が手を出さないような、小さな市場で細々と続いているものである。例えば、射撃競技で用いる「靴底柔軟性検査器」[22]という特殊な商品は、需要も供給も極小であるが、存続はする。

また、大きな産業でも衰退してくると、例外的にビジネスが成り立つ特殊な部分市場がニッチとして浮き彫りになる場合もある。蒸気機関車は、陸上輸送の産業として衰退しているが、観光用アトラクションというニッチを見つけ、

---

21) 例えば、「タマネギ中毒」をGoogleで検索すると「犬や猫に与えないように」と警鐘を鳴らす動物病院や獣医師、ペット保険提供会社の記事が数多くヒットする。タマネギ中毒は、タマネギ以外のネギ科の植物(長ネギやニンニク、ニラなども)でも起き、それらに含まれる成分が動物の赤血球を破壊し、貧血を起こす。最悪の場合、死に至る。

22) 日本ライフル射撃協会:「ルール情報」(https://www.riflesports.jp/member/rule_info/)掲載の「2019.2.24　審判講習会資料」「ピストル用具検査ガイド」の検査項目に「靴底の柔軟性」があり、「靴底の柔軟性の検査には、靴底柔軟性検査器具が使用される」と規定され、具体的な基準が示されている。

生き残っている。

近年になり、ニッチをもっと積極的かつ肯定的に捉える考えが強まっている。

物資不足の時代には、「主要な市場を狙い平均的な商品を万人に売る」という戦略が、商品数が少なくて済み、生産効率が良く合理的であった。特異な商品をマニアの顧客に売ることは、取引コストがかさむので嫌われていた。

しかし、供給が過多になると、珍しい商品や顧客は自分に合った商品を求めるようになる。オンリーワンであること(希少性)に、商品価値の重心が移った。希少品の世界では顧客は商品価格に鈍感になるので、利幅を大きくとれる。インターネットや大都市のような、相手を探すマッチングコストを低く抑えられる状況ならば少量多品種型の、いわゆる**ロングテール**の商取引が、優位を築く。

日本では、ビール市場はおおむね大手4社の寡占であるのに対し、日本酒市場は多数乱立である。消費者は日本酒に関しては、メジャーな銘柄よりも、いつもとは違う変わった銘柄を試してみたくなる心理傾向がある。

このように、ニッチを引き起こす誘因が存在し、結果として多様度を高める効果を与えている。

(7) 「他人と違うものを望む」異質化傾向

人間の心理には、人と同じことを嫌い、独自性をもとうという**異質化傾向**がある。他人が自分と全く同じ服を着ていると、何だか恥ずかしく、ばつが悪いという心理である。

制服なら同じでも構わないのに、私服で人とかぶるとなぜ恥ずかしいと思うのだろうか？　その理由は簡単ではないが、「多様性の少なさは貧しさの現れ」という価値観は昔はあった。貴族は個人ごとに特注された服を着れるが、貧乏な庶民は似たような量産品や中古の服しか買えない。たまに金持ちの平民が出現しても、身分制の下では、平民が贅沢な服装を着ることは禁じられるものであった。フランス革命(18世紀末)の初期に、身分別の議会である三部会が招集されたとき(1789年)も、貴族は個人ごとにばらばらのカラフルな服に身を包んでいたが、平民議員は全員が大同小異の黒っぽい服を着て出席した。だが、それがユニフォームとして機能して平民の団結意識を醸成した。

物事のすべてを個人ごとに別々にすると支障が出る場合もある。特に、本質的な機能に必要な部分は変えてはいけない。服が服として成り立たないほどに改造しては用をなさない。だが、付帯的な要素は変えたくなる。飾りの部分には実に多種のアクセサリ商品が用意されている。

2.2のまとめ

環境の豊かさや競争などにより多様性を広げる。

2.3 多様性を減らす原動力

多様度を減らす要因には以下(1)～(8)が考えられる。

(1) 過酷な環境とボトルネック

環境に豊かさが乏しいと、そこに生息する種は減る。特殊な少数派は存在できず、汎用的なものだけが生き残る。極寒の気候では動植物の種類も量も少ない。人口が少ない村では、業種は少なくなり、よろず屋1軒で小売りサービスのすべてを支えるようになる。

参入障壁[23]の高さも、環境の過酷さの一種と見なせる。一見、豊かな大市場のように見えて、実は新規参入するに当たり多大な初期投資を要する市場は、経営的には過酷である。このような市場では新参者は初期に苦戦するから余裕

23) 「ある産業に新たに企業が設備を新設して進出(参入)しようとするとき、この企業はすでにその産業で営業している企業に比して、さまざまな理由で不利となる場合がある。このような、既存企業と比べた新規参入企業の不利益を生みだす要因を、参入障壁という(産業に参入障壁がない状態を自由参入 free entry という)。参入障壁の高い産業では、既存企業は新規参入を招くことなく超過利潤を享受することができる。」(『世界大百科事典』)

がなく、競争に敗れる可能性が高い。その結果、業界の企業数は増えない。

状況が悪化して過酷さが増すと、生存できる個体数の許容値は減る。企業の世界ならば合併が頻発し、企業数が減ることになる。合併によって共用できる部分をまとめて、経営資源を効率化して生き延びようとするのである。

テレビの民放は、東京圏では５強体制である。しかし、市場の小さい地域では種数が減る。結果、東京圏ではライバル局同士である番組が、地方では呉越同舟で同じチャンネルから流されたりする。厳しい環境では高い多様度は維持できない。

個体数が少ない状態は、偶発的な絶滅の可能性を高める。絶滅寸前の動物がわずか10頭しか残っていないならば、例えば、局地的な悪天候といった偶然の災害で10頭すべてが死亡することが、それなりの確率であり得る。そして、絶滅してしまうと種が復活することはなく、多様性は永遠に失われる。これが100頭ならば、絶滅の確率はずっと低くなるはずである。

個体数がどこまで減ると危ないかは評価が難しい。まだ多くの個体数が残っているから大丈夫と見えても、もはや手遅れだったという事例が多い。オオウミガラス[24]は、もともと「ペンギン」がそれを指す言葉であったほどに個体数が多かった。リョコウバト[25]も22億を超える個体数が19世紀にはいた。今は、どちらも絶滅している。絶滅の危機に気がついてから保護をしても間に合うとは限らない。

残存数を一気に殺してしまう大災害がなくても、個体数が極端に少ない生物は、遺伝学的な理由で絶滅の危機に瀕している。一般に生物の遺伝子には、生

---

24)「オオウミガラス Pinguinus impennis（英名 great auk）はかつて北大西洋に多産した全長75cmもある大きな種で、くちばしは左右に平たく、体の上面は黒くて眼の前に白い線がある。翼が退化し、飛翔力はなく、油をとるため漁船員に乱獲され、1844年ころに絶滅した。」（『世界大百科事典』）

25)「…（中略）…カナダ南部からアメリカ南部諸州までの広葉樹林に大群をつくってすみ、不規則な移動をしていた。19世紀初めにオハイオ川上流で集団繁殖していたある群れが約22億羽と推定されたほど群集性が強く、群れが木に止まると、その重みで太い枝が次々に折れたという。しかし、急速な森林の伐採によりすみかを失い、また食用として乱獲されたため急激に減り、…（中略）…1894年を最後に営巣しなくなった。多数で集まっていないと食欲も繁殖欲も弱くなる性質も災いしたらしい。」（『日本大百科全書』）

存に不利で有害なものが突然変異によって確率的に生じるものであるが、通常それらは自然選択によって排除される。つまり、有利な個体が競争に勝って多くの子孫を残し、不利な遺伝子をもつ個体は圧迫され消えゆくのである。

だが、個体数が少ない状態であれば、自然選択よりも偶然の影響が大きくなる。遺伝子の継承には偶然が関与するから、有利な遺伝子が子孫にたまたま引き継がれないということは、普段から起きている。あるいは、事故などで有利な遺伝子をもった個体が死に、不利な遺伝子をもった個体が生き残るという事態も、確率的に起こる。種全体における不利な遺伝子の割合が増える偶然がたまたま重なると、種の生存率や繁殖率の低下を引き起こす。個体数が減れば、近親交配の割合が増えるため、不利な潜性の遺伝子が発現する確率も増え、事態は加速的に悪化する。このような過程で絶滅に至ることを**突然変異メルトダウン**という。

オガサワラシジミ[26]は外来種の出現により、個体数を大きく減じた。保護のため人工繁殖が試みられたが、繁殖率が低下し、2020年8月、ついに飼育分が全滅した。ノアの方舟のように、「つがいが1組でも残っていれば、そこから繁殖して復興できる」というストーリーには相当の無理がある。

一度でも個体数(集団サイズ)が極端に少ない状態に見舞われると、遺伝子の多様度は大きく損なわれる。この状態を**ボトルネック**という。その後、集団サイズを持ち直しても、失われた多様度は取り返せない。ボトルネックを経験した集団は、見かけ上は大きな集団サイズであっても、遺伝子の実質の多様度は少ない。実質の集団サイズを**有効集団サイズ**とよぶ。これは、各世代の集団サイズの調和平均に相当することが知られ、次式のように計算される。

---

26)　小型(全長12～15㎜)のシジミチョウ。公益財団法人東京動物園協会が運営する「東京ズーネット」の掲載記事(2020/8/27)(https://www.tokyo-zoo.net/topic/topics_detail?kind=news&inst=&link_num=26374)によれば、「…(中略)…関係機関、団体、専門家、地域住民などと、生息域内外での保全対策に取り組んできました。その一環で多摩動物公園と環境省新宿御苑においてオガサワラシジミの累代飼育にも取り組んできましたが、今春から個体の有精卵率が急激に低下し、繁殖が困難となり、2020年8月25日に飼育していたすべての個体が死亡しました。」とのことである。野生の個体も存在が確認できないため、これをもって絶滅したと見られる。

$$N_e = \frac{1}{\frac{1}{G}\left(\frac{1}{N_1} + \frac{1}{N_2} + \cdots + \frac{1}{N_G}\right)}$$

ここで、N_e は有効集団サイズ、G は世代の数、N_i は第 i 世代における集団サイズである。例えば、絶滅寸前の生物がいたとして、その個体数が5世代の間に100、100、30、60、100と変遷(途中でボトルネックを経験)しているとする。この場合、有効集団サイズは、62.5と算定される。個体数は100に持ち直したにもかかわらず、遺伝子の多様性はボトルネックのせいで減っていて、不利な遺伝子が発現する確率が高まっている。

南北アメリカ大陸の先住民は、O型が圧倒的に多い。一説では、人類がアメリカ大陸に伝播する過程において、今のベーリング海峡付近の難所を通過せねばならなかったが、その集団の人口が少なかったことが影響しているとされる。

文化や芸能の世界でも、弾圧や災難に遭遇し、人員や流派の数がボトルネック状に減ってしまうことがある。その後、復興して全体の数を持ち直しても、ボトルネックとなる多様性の喪失は後を引くのである。出土すれども読み方がわからない古代文字[27)]や、存在した記録はあるが内容は散逸してしまった本[28)]など、継承に失敗し消えてしまった文化情報は数多い。このようにボトルネック時の多様性の減少を埋め戻すことは難しい。

個体数が多い集団であっても、生息地に道路が建設されて、住処が分断されると、分かれた小さな集団の間は互いに行き来できなくなる。すると遺伝子の多様性が減り、はじめは徐々に、やがて加速的に個体数が減ってくる。人間に

27)　未解読文字の代表的なものがインダス文字である。これは「インダス文明(引用注：インダス川流域に、紀元前2000年前後を中心として栄えたインドの古代文明)に用いられた文字。400種近くの文字が知られている。ロシア連邦、北ヨーロッパ、インドのチームがコンピュータを用いて解読作業を進行中であるが、まだ解読されていない」(『日本大百科全書』)という。

28)　グーテンベルクからはじまる活版印刷(15世紀中頃)以前は、人力による「写本」が主流だったので、「当時の人々が読む価値があると判断したもの」しか作られず、歴史的に淘汰される文献が星の数ほど出てしまうのは必然であった。例えば、ギリシア三大悲劇詩人の一人であるアイスキュロス(前525～前456年)は生涯に90編もの作品を書いたのに、完全な作品として現存するのはそのうちたった7編にすぎない。

による環境破壊が、ある限界を超えると急速にはまり込んでしまうのである。この急激な悪化を**絶滅の渦**(extinction vortex)とよぶ。

商品の流通過程においても、ボトルネック効果は見て取れる。源流に多様なものが存在していても、途中の流路において厳しく絞り込みがなされると、最終の受け手となる消費者には種類の乏しいものしか届かない。かつては、テレビ局の数が限定されていたから、国民全体が知っているメジャーな娯楽の種類も、それに応じて限定されてきた。例えば、テレビが長時間中継するプロ野球や大相撲だけが極めて人気であったが、それ以外のスポーツはサッカーですら知名度がなく、長らくプロ化できないという有様であった[29]。商品でも、小売店の棚の広さは有限であり、売れ筋の商品だけで占領されてしまうから、マイナーな珍しい商品は流通できなかった。インターネット配信やインターネット通販の出現によって、こうした流路中間のボトルネックは解消されつつあり、消費生活の多様性は大きく広がってきている。

(2) シンプルな環境

環境に多様性が乏しいことも、多様性を抑える要因となる。草原だけが果てしなく続くという環境では、木に住む動物は出現しない。海も同様で、ただ広いだけで障害物がない海域だと、小魚には隠れられる場所がないため、住み着けない。そこで人工魚礁(ぎょしょう)を設置して多様性を増やす工夫がされている。

万物の基本的構成要素である素粒子は、種類は多くなく、標準理論によればたったの17種しかない。元素は、素粒子に比べればかなり大きくて複雑な内部構造をもっているとはいえ、それでも100種そこそこである。とにかく極小の狭すぎる世界であるから、内部構造をあれこれ組み合わせる工夫を施す余地

29) プロ野球は「1936年巨人(東京巨人)のほかに大阪タイガース、東京セネタース、阪急、名古屋金鯱(きんこ)、大東京、名古屋の7チームが生まれた。続いて日本職業野球連盟(1939年日本野球連盟に改称)が結成された」(『日本大百科全書』)。その一方、サッカーでは「日本サッカー協会の前身は、(※19)21年大日本蹴球協会として創立され、同年11月から全日本選手権大会が開催されるようになった」(『世界大百科事典』)のに、日本プロサッカーリーグ(通称Jリーグ)が発足したのは1993年のことである。

がなく、素粒子や元素の種数は簡単には増やせない。

(3)　競争による多様度の減少／勝者総取り

勝者がライバルを駆逐する状況では、最終勝者だけが残り、多様度は大きく減る。パソコンのオペレーティングシステム(OS)は、Windowsが首位を占めたが、これは2位以下を圧倒するに至った。OSが異なるとソフトウェアが使えないので、消費者は同じOSでそろえようとする。よって、シェアが1位のものを選ぶようになり、2位以下は相手にされなくなる。こうして、事実上の規格(デファクトスタンダード)の地位を手に入れる。

デファクトスタンダードが一度成立すると、少数派や、後から来たものは参入が難しくなる。こうした先行有利の環境では勝者総取りが発生する。

東京に一極集中してしまうのも勝者総取りの一形態である。都市の価値が規模にあり、規模が大きいところにあらゆる事物が集まってくるという、正のフィードバックが生じる。英語は現在、実質的に世界標準語の地位を得ていて、学術文書はもっぱら英語で執筆され蓄積されるがゆえに、ますます英語の重要性が高まる。

農業では、米や小麦、ジャガイモ、綿花という生産性や換金性に優れた作物が作付面積の大半を占める傾向がある。特に植民地では、耕作が経済性一辺倒のモノカルチャーとなりやすい[30)]。救荒作物を育てなかったために、いったん不作に見舞われると、たちまち飢饉となる悲劇が植民地の通例であった。

(4)　多様性減少の連鎖

多様性は、外部の環境の多様性に支えられている。そのため、外部の多様性が失われると、一蓮托生に内部の多様性も失われることがある。

日本産のトキは2003年に絶滅した。日本産トキに寄生し共生関係にあった

30)　その代表例がプランテーション、つまり「17、18世紀以降に、先進資本主義国列強によって世界的に植民地化が進む過程で、熱帯・亜熱帯アジア、アフリカ、ラテン・アメリカなどの地域を中心に形成された大土地所有に基づく単一作物企業農園」(『世界大百科事典』)である。

トキウモウダニは以降発見されず、同時に絶滅したものと考えられている。

寄生虫のように、特定の宿主だけでしか生活できないものは、多様性減少の連鎖反応を受けやすい。イカは触手のおかげでさまざまな獲物を捕食できるが、これならば特定の獲物が減っても食うに困らないので、多様性減少の連鎖反応を回避しやすいといえる。人間はといえば、多様な獲物を食べる捕食者だから安泰とはいえない。人間のカロリー源は、コメやムギ、大豆、ジャガイモなどに極端に偏っており、それらの凶作による飢饉に何度も見舞われている。しかもどの作物にも水が欠かせず、世界的な大干ばつが起きれば、食糧難は必至だし、増え続ける人口[31)]への対応も問題となる。

企業は、「供給元から買い、客先へ売る」という連鎖関係にある。供給元でも客先でも多様性が急減すると、企業は存立の危機に立たされる。上流や下流の種数が0になる(絶滅が起こる)とビジネスは破綻する。世の中が、フィルムカメラからデジタルカメラへ切り替わった際には、フィルムにかかわる化学工業や機械部品産業、現像業などが一気に無駄となり、存立の危機に立たされ、他の分野へ転身を余儀なくされた[32)]。

種数が1(独占)となると、言い値で取引せねばならないから、購入者の交渉力は大いに弱まる。結局、上流ないし下流の多様性が減少傾向にある業界は、危機的な状況にあるため、退場する企業が続出して、多様性は連鎖的に減る。

---

31) 『日本国勢図会(2019/20年版)』(矢野恒太記念会)によれば、1970年の世界人口は約37億だったのに対し、2018年には約76億と倍以上になっている。国際連合広報センター(https://www.unic.or.jp/)の2019年7月2日のプレスリリースでは、国連経済社会局人口部が発表した『世界人口推計2019年版:要旨』の内容として「2050年97億人、世紀末頃には110億人でピークに達する可能性がある」と紹介している。

32) 日本経済新聞社:「米コダックが破産法申請　デジカメ対応など遅れ(2012/1/19)」(https://www.nikkei.com/article/DGXNASGM1904F_Z10C12A1000000)によれば、1880年設立の「イーストマン・コダック」は、1935年に35ミリフィルム「コダクローム」を発売後、世界最大クラスの写真フィルム関連製品のメーカーとして長く君臨し、1975年には世界初のデジタルカメラの開発に成功していた。しかし、2012年1月19日に米連邦破産法11条(日本の民事再生法に相当)の適用をニューヨークの連邦地裁に申請した。

(5)　安定解への収束

万物は流転し、エントロピは増大する一方なのだから、物事の統一性は崩れ、ばらばらになっていくのだろうか。放任しておけば多様度は増えるのか。実際は簡単ではなく、放置していると、物事の拡散や劣化は進むのだが、種類が増えるわけではない。むしろ、放任の結果、事態はお定まりの結末に収束するという、多様度の減少のほうがありふれている。

無統制で放任すれば、物事はいろいろな場所へ自然と散らばっていく。だが、位置の多様性が増えたからといって、その効果が新たな出来事を引き起こすという保証はない。ある地域で新種の生物が出現し、周辺に拡散していったとしても、密度が薄くなれば交配の機会は減る。すると、生息域を広げたばかりに次世代を残せずに絶滅する恐れが出てくる。「仲間同士が孤立し絶滅」は、安定解としてありがちなパターンの１つなのである。群れを作って行動するといった、過度な拡散を防ぐ手立てを多少はもつ必要がある。

コウモリは哺乳類であって鳥類ではないが、空中という環境では最も都合のよい鳥のような外観に進化した。もともと別の生物種が、同じ環境下で進化したことで類似した形質を得ることを**収束進化**や**収斂進化**という。

パリに代表されるようにヨーロッパの街は、建物の外観に統一性がある。石造りの建物が多いが、不燃性で高層建築も可能という機能上の理由から最適解として選ばれ、それで安定しているのである。

石造りの建物では、外観デザインも一つの安定したパターンに収束する。石造りでは、窓の開け方に自由があまり効かないので、隣の建物と似た窓の配置になるのである。これとは反対に、日本の建物で窓の配置が統一しにくいのは、木造や、木の型枠から形作られるコンクリート造だと、窓の開け方を選べるからである。また、ヨーロッパで石材を使うと、輸送コストがかかるため、どの建物も、都市に一番近い石切場から調達することになるから、自然と建物外壁の色味が統一されるのである。さらに、ヨーロッパの建築物の屋上は、決まって傾斜した屋根が乗せられている。これは防水技術が未熟だった時代に水平な陸屋根が使えず、どの建物も屋根を乗せることになったためである。こうして、ヨーロッパの伝統的な建物デザインは安定解に収束し、確固とした様式をなす結果となった。

多様性が多すぎると、大局的に見れば代わり映えしなくなる場合もある。

古代中国や中世日本の戦国時代のような乱世では、局所的に見れば、多数の勢力が栄枯盛衰を繰り返し、変化に富んでいるように見える。だが、大局的には、大同小異の小競り合いが延々と繰り返されるだけであり、見るべきところが少ない。むしろ、全国を支配する政権が存在する時代のほうが、政権の政策によって全国的な変化が起こり、時代の流れを見て取れる。

かつて日本の将棋盤は現在のものよりもかなり広く、駒の種類も相当多かったので、システム面ではかなり複雑なゲームであった。しかし、だからといって複雑な試合が出現したかというと、そうでもない。システムが複雑すぎると、プレイヤは大変である。複雑な戦略を立てようにも、頭が追いつかない。よほどの名人でないかぎり、平凡な駒の取り合いをするだけに陥る。時代が下るにつれ、盤も駒も縮小され簡略化され、現代の本将棋の形になった[33]。システムの複雑さがこの程度の塩梅(あんばい)であると、より多くより深く一手を読むことができて、作戦が複雑化し、多様な試合が出現するようになった。このように、いったん状態が安定解に落ちついたら、そこから自然に抜け出すことはない。

安定解のなかで、最も馴染みのあるものは**一様拡散**である。コーヒーにミルクを垂らし、かき混ぜ続ければ、どこをとっても濃度は一様に均質な状態に落ち着く。この状態に陥ると、もはやいくらかき混ぜても、ミルクの濃淡にムラがある状態には戻せない。一様拡散に至る過程は一方通行で不可逆なのである。

多様度の増大と減少の分かれ目は紙一重である。コーヒーとミルクをかき混ぜる操作を少なめに控えると、ミルクはマーブル柄の複雑な形で漂う。その形

33)　現代の将棋は縦横各9列の盤上に各20枚の駒を並べる。しかし、『世界大百科事典』によれば、1443年の写本《象棋六種之図》には「小将棋、中将棋、大将棋、大大将棋、摩訶(まか)大大将棋、泰将棋」があり、「小将棋は現在の将棋に類似し、大将棋は平安時代の大将棋と異なり、升目は15×15の盤で駒数は130枚29種類、大大将棋は17×17の盤で駒数192枚68種、摩訶大大将棋は19×19の盤で駒数192枚51種類、泰将棋は25×25の盤で駒数354枚93種類」あったという。それが、江戸幕府の成立(1603年)とともに小将棋だけが公認され、以後将棋という場合には小将棋を指すことになった。

は毎回異なり、模様には繰返し(周期性)もなく、同じものが出現することは期待できないほど、多様性に富んでいる。しかし、かき混ぜる回数を増やすと、たちまちマーブル柄は消滅し、濃度は一様均質になって、多様性は失われる。このように、拡散は多様度を増やすが、やり過ぎると多様度を急激に減らす。

サイコロの出目は、毎回ランダムであり予測は難しい。だが、大量にサイコロを振り、その結果を集計すると、平均すれば１回あたりの出目は3.5であるという観測的事実が出現する。サイコロを振れば振るほど、「大数の法則」[34]のおかげで、この観測的事実は次第に強固なものになり、「平均値は3.4や3.6ではない」といえるほど精密になる。実験の方法や環境が変化しないのであれば、試行回数を増やしたところで、新しい事態は生まれない。

このように大数の法則は、実験方法や環境の多様度の乏しさを露呈させる効果がある。人間と会話するゲームやロボットは、最初のうちは、真新しい台詞を言うので新鮮さを感じるが、会話を長く続けていくと、以前に聞いたような受け答えパターンを使い回すようになり飽きる。人間はマンネリズムには敏感であって、会話生成のアルゴリズムのからくりをすぐに見抜いてしまう。アルゴリズムのコルモゴロフ複雑性が不足していることを、見透かしてしまうのである。自動作曲技術や自動小説生成技術でも、人間を飽きさせないように新作を作り続けることは大変であり、大量に作品を作るとマンネリズムが鼻につくようになる。

一様拡散と大数の法則を有効活用する場合もある。保険や備蓄がそれである。事故や凶作は、自然状態では、ある部分だけに大きな被害を集中させるものである。どこに被害が来るかは予測しがたい。保険と備蓄は、その被害を一様に広く薄く拡散させ、コストを保険料や備蓄費の一定値に収束させ、多様度を減らす。災害がどの程度の確率で起こるかを推定することは本来は難しいが、保険加入者が多くなれば、大数の法則のおかげで、件数の見積もりができるよう

34)「ベルヌーイの定理とも呼ばれる。独立な同一実験の集まりにおいて、$N(\mathrm{B})$をn回の試行で事象Bが出現する回数、pをBが各試行で現れる確率としたとき、nが十分に大きければ、$N(\mathrm{B})/n$がpと非常に異なることはまずありえないという法則をいう。」(『法則の辞典』)

になる。

(6)　低多様性のメリットによる統一解の自然成立

多様度が小さいほど有利という状況下では、自然選択の結果として当然に、多様度は低下していき、何か一つの解にそろってしまうという現象が自然発生する。強力な権限をもつ政府や大企業の肝いりで答えが選択されるのではなく、無統制ながらも１つの答えに落ち着くのである。

重役が乗る自動車は黒に塗られているのが相場である。黒が標準と決まっているので、世界中のどの自動車修理工場も黒の塗料は用意してある。不注意で自動車を障害物にぶつけて、塗装がはげてしまっても、すぐに最寄りの工場で塗装をし直すことができる。他人と同じ選択をすることには、このような利便性がある。これが特殊な色だと、すぐには塗料を調達できないので、重役は傷が目立つ車に乗らねばならなくなる。

人間は右利きの割合が圧倒的に多い。その原因はよくわかっていないが、どちらかにそろえてしまえば有利なことが多々ある。多人数で行動する場合、各自が左右ばらばらに道具を持っていると、道具がぶつかったりして不便である。右利き用のはさみや鎌は、左手で扱うとうまく切れない。全員が右利きならば、左利き用の道具を用意しなくて済む。

「道路を通行する際に、右側と左側のどちらを通るべきか」というルール決めも、もともとは自然発生によるところが大きいので世界共通ではない。エスカレータに乗るときに、左右どちらを空けるかも、地域によって異なる。しかし、特定の地域のなかに限っていえば、慣例や法律ができていて、多様度はゼロにされている。

商品のプロモーションには期間限定のバーゲンセールという戦術がしばしば使われる。しかし、弱小の業者が各自ばらばらでセールを開いても集客効果は弱い。そこで、街全体で業者同士が呼吸を合わせて同じ期間に一斉にセールを開き、大規模な集客を狙う。

中華料理では、日本料理や西洋料理とは異なり、長方形の包丁１種類でどんなものでも切ってしまうことが珍しくない。食器についていえば、東洋は箸だけを汎用的に使うが、西洋ではフォークやナイフのカトラリーを皿ごとに最適なものを合わせて多種そろえる。東洋では、道具の多様性を減らし、道具の用意や置き場スペースの確保のコストを減らす利便をとっている。また、同じ道具を使い続けることで習熟を速くする効果もあるだろう。

(7)　人為的な多様性の削減・統一化

多様性の小さいほうが人間にとって都合が良い場合には、人為的に抑制することがある。例えば、畑や人工林なら利用価値のある植物のみを栽培し、それ以外は排除する。フランス式庭園も植物種を限定し、その配置も不揃いを嫌って画一的にする。このように、人間が自然を利用するとき、自然の多様性を減らすことが基本であった。

多種類が無統制に乱立していると困る事例の代表は、工業製品の規格である。これらに対しては工業規格を制定して、種類を減らし、誰が作った部品であっても規格を守っている限りは取替え可能にして、流通や製造、保守のうえでの利便を図っている[35)]。

政府は、通常は市場参加者の多様度を増やして競争を刺激するが、不況が深刻な業界には、例外的に不況カルテル[36)]を認めたり、合併・統合による企業数の低減を促して、企業の体力を強めることがある。

人間集団の意思決定に際しては、意見の多様性をわざと減らすことが多い。多数決によって1つの意見だけを採用したり、1人の社長や大統領などにだけ決定権を与えるという制度によって、意見の多様性をなくすことが、人間集団

---

35)　工業規格の代表的なものに日本産業規格(Japanese Industrial Standards：JIS)がある。JISは「工業標準化法(昭和24年法律第185号)に基づいて、鉱工業の生産、流通、消費にわたって技術的な事柄の統一、標準化を図るために定められた鉱工業製品の規格その他の工業標準」(『日本大百科全書』)である。

36)　「不況のため、商品価格が生産費を割り、その業種の企業の経営が困難になるなどの特定の事態が生じた場合、それを乗り切るために結成されるカルテル。日本では昭和28年(1953)独占禁止法の適用除外の一つとして、公正取引委員会の認可があれば実施できたが、平成11年(1999)法改正により再び禁止された。」(『デジタル大辞泉』)

の意思決定過程では通例となっている。

物事の多様度を減らすに当たり、物事を規格化するのではなく、物事をどう見なすかという認識のほうを強引に簡略化するという方法もある。100円ショップは、本来は価値が多様な商品を、あえて単一価格にそろえることで、計算の手間を省いている。企業の人材採用でも、候補者の多種多様な個性を斟酌(しんしゃく)すると評価に手間がかかりすぎるので、学歴や資格など特定の項目だけを評価することで評価項目の多様度を減らし、順位づけを可能にしている。

ソフトウェアは、セキュリティ上の問題が毎日のように新たに発見されるから、古いバージョンを放置せずアップデートすることが求められる。ここで、新旧さまざまなバージョンが併存していると、セキュリティの管理ができなくなるので、強制アップデートが今や主流となった。かつては、ユーザが気が向いたら好きなバージョンを選んでアップデートしていた。しかし、今やソフトウェア会社は、ユーザから選択の自由を取り上げ、自動的に最新版へとアップデートさせ、バージョンの多様度をゼロにする強権策をとっている。

(8)　等質化傾向

場合によっては、人間は多様性を嫌う。自分だけ他人とは違う特徴をもって、悪目立ちすることを避けるのである。服装を他人に合わせて安心するようなことを等質化傾向という。皆が洋服を着ているなか、一人だけ和服を着て出社する場面を想像してほしい。倫理的に全く悪くないが、相当居心地が悪いだろう。

少数派に属すると危険な感じがする。「少数派が少数なのは、間違ったことをして死滅した結果ではないか」と考えると、無難に皆と同じことをして多数派に属したくなる。悪目立ちすると天敵から襲われやすい。群衆のなかに埋没していれば自分が被害者第1号にはなりにくい。

韓国政府の女性家族省は2019年、アイドルの外見が画一的で似すぎていることを批判する文書を放送業界に示した(後に撤回)[37]。しかし、ファッションとは、ある程度流行に従って画一的にならざるを得ない。アイドルの外見も、個性を打ち出せる一流タレントは別として、流行の美形のスタイルに合わせるので、互いに似てくるものである。あまりに自由度が多すぎると、かえって選択に困る。ある程度、その時代の流行を誰かに決めてもらい、それを皆で真似することが通常である。

高級ブランドは流行を先導する。それを受けて、大衆品・廉価品の製品デザインは、高級ブランドの真似をすることが非常に多い。万年筆や腕時計といった、デザインに価値の重きがある製品では、先導する高級ブランドが存在する。廉価品は、多かれ少なかれ高級ブランドのデザインを模範としている。独自性もファッションには重要ではあるが、スタンダードなデザインにそろえることに消費者は安心する傾向がある。

2.3 のまとめ

環境の過酷さや、勝者による制覇などにより、多様度は減る。

2.4　多様性を保つ力

多様度の値が長期間にわたり安定する現象が見られる。つまり、多様度を一定範囲に保つメカニズムが存在しているのである。それらの要因には以下(1)～(6)が考えられる。

(1)　均衡

競争環境がもつメカニズムによって、多様度の値が安定する場合がある。

自然界の捕食-被食関係には、このバランスが見られる。ある動物 A と、そ

37)　AFP 通信社：「韓国政府、K ポップの「画一性」問題視した指針撤回 検閲との批判招く（2019 年 2 月 20 日）」(https://www.afpbb.com/articles/-/321210634) によれば、「K ポップ歌手たちの外見が似すぎている点を問題視し、「歌手たちの画一性という問題が深刻」としていた。また、「ほとんどのアイドルが痩せていて、同じような化粧を施し、露出度の高い服を着用しているとも指摘していた」という。

の天敵Bがいるとしよう。Aの個体数が増加すると、BはAに遭遇しやすくなり捕食のチャンスが増える。その結果、Bは増え、Aは食べられて減る。Aが減ると、Bは飢餓により減り、結果、Aの数は持ち直す。この関係を数式で表せば、個体数をAとBとして、遭遇の機会は積ABに比例するというモデルとなって、以下のようになる[38]。

$$\frac{d}{dt}A = k_1A - k_2AB、\quad \frac{d}{dt}B = k_3AB - k_4B$$

数式中のkは何らかの値の係数である。この式は、ロトカ(1880〜1949年)[39]とヴォルテラ(1860〜1940年)[40]が独立で考案したので、ロトカ-ヴォルテラ競争式(Lotka-Volterra competition equation)とよぶ。個体数は**図2.2**のように

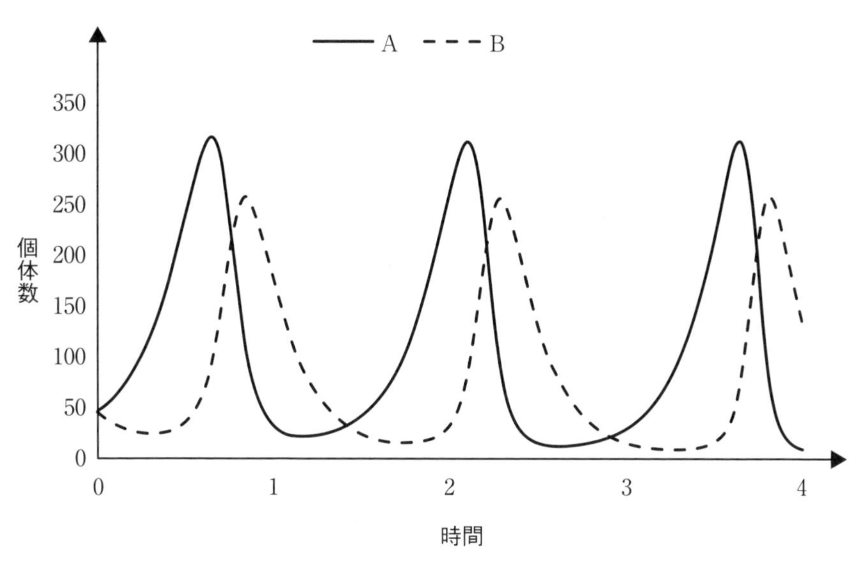

注) 生物Aが大発生した後に、その捕食者Bが増え、その後、両者とも激減するというサイクルを繰り返す。

図2.2 ロトカ-ヴォルテラ競争式の挙動例

38) d/dtは高校2年程度で学習する微分の記号。もし理解できなければ、『微積分のはなし(上)【改訂版】』(大村平、日科技連出版社、2007年)など、他書を参照。

増減の振動を繰り返すことになるが、数学的にはこれが安定した解といえる。

相手を一匹残らず、急速に死に至らしめる捕食者や寄生虫、伝染病は、一見すると優秀なハンターに思えるが、自分が増える前に相手もろとも滅んでしまう。共存共栄といかずとも、少なくとも生かさず殺さずのバランスがなければ長続きしない。しかし、これには例外がある。人間と動物の関係である。人間の乱獲で絶滅した動物は数多く、一方で人間の数はますます増えている。被食者が減っても、捕食者である人間の数がむしろ急増しているため、被食者は減る一方である。このようにバランスがとれていない捕食–被食関係もある。

さて、多様度の安定値は定量的にはどう決まるのであろうか。分野ごとに、種数の落ち着く**マジックナンバー**が知られている。慣例的に成り立っているものもあるが、理論的に根拠を説明しやすいのは「マジックナンバーとしての3」である。

三国志の「三国鼎立（ていりつ）」「天下三分の計」にあるように、3者競合は安定値の典型である。2者競合では、相対的に強いほうが弱いほうを圧迫して遂（つい）には滅ぼすかもしれない。源氏対平家、徳川対豊臣、米ソ冷戦は2者による対立であったが、最後は片方の崩壊で終わっている。しかし、三つ巴の戦いで、1位が勢力の過半を得ていなければ、2位と3位が連合して1位に対抗でき存続する。種数は3のまま動かない。

何らかの理由で、勢力の種数が3から2へ減ると、しばしば戦争が起こる。1939年のヨーロッパでは、英仏・独・ソ連の3陣営が鼎立していたが、突如8月23日に独ソが不可侵条約を結び、2陣営体制となった。ヨーロッパは軍事バランスを失い、同年9月1日に第二次世界大戦が勃発した。

2者間のロトカ–ヴォルテラ競争は、周期性がある軌道を描くので数学的に

---

39)　「アメリカの数理生物学者。オーストリアの生まれ。…（中略）…被食者–捕食者相互作用に関する基本的な微分方程式（ロトカ–ヴォルテラ式）を提出。人口動態の数理的研究を行い、現代人口学の確立に尽くした。」（『岩波 生物学辞典 第5版』）

40)　「イタリアの数学者。生物間相互作用による個体群動態を研究。アメリカの数理生物学者 A. J. Lotka と独立に提出した被食者–捕食者の関係の微分方程式（ロトカ–ヴォルテラ式）、および近縁種間の競争のモデル（ヴォルテラの競争モデル）は、生態学の基本となった。」（『岩波 生物学辞典 第5版』）

は安定しているように見える。この安定の源は、「捕食者が増えすぎると、獲物はほとんど食べ尽くされてしまい、そのため今度は捕食者が飢えて減る」というフィードバック機構にある。しかし、個体数が激減する期間があり、そこが脆弱である。この隙に乱獲や大災害が起こると、偶発的に個体数がゼロに落ち込み、バランスが崩壊する可能性が出てくる。

政治学では、選挙区の定数を仮に M とすると、政党は $M+1$ 個に編成されるという、**M+1 の法則**が知られている。大統領選挙のように定数が 1 ならば、二大政党制になる。デュベルジェ(1917 〜 2014 年)[41]によれば、「人気が 3 番手以下の大統領候補に投票しても無駄になるという心理が働くため、上位 2 候補だけに票が集まる」のである。

生物の性は、1 種だけの無性生殖型ものと、雌雄(しゆう) 2 種の有性生殖型がある。雌雄にもう 1 種類を加えて 3 種となっている生物は存在しない。3 種が一堂に会して遺伝子を提供し合う場を用意することは難しいのである。2 種ですら、雌雄の別型を用意し、繁殖のために出会うことには大変なコストがかかる。そのため、性はあるにはあるが、単一の性だけで生殖できる**単為生殖**の能力をもった、ゴキブリやミジンコなどの生物も存在する。基本的に子は親のコピーになる無性生殖より、有性生殖のほうが子孫の遺伝的多様性をはるかに大きくでき、適応力が格段に上がるという利点はあるが、それにしても有性生殖がこれほど普及した理由は、生物学上の謎である。

化学反応では、2 つの化合物のかたわらに触媒が存在して、この 3 者によって反応が起こることがしばしばある。

企業の世界なら 3 社合併は珍しくない。A 社とだけならわざわざ合併したくはないが、A 社と B 社が合併して強大になるのならば話は別で、ビックウェーブに乗り遅れまいと、第三の C 社も相乗り合併に手を挙げるという理屈が通るのである。

---

41) 「フランスの憲法学者、政治学者。ボルドー大学を経て、パリ第一大学教授となる。…(中略)…、著書はきわめて多く、邦訳のあるものも多い。」(『世界大百科事典』)

(2)　種数がもつ慣性（変化しにくさ）

安定となる種数のマジックナンバーに対して理論的な根拠を見つけにくい題材もある。さまざまな事情で、種数が何らかの安定値に落ち着き、長らく安定したため、あたかも何らかの根拠があると見なされているものがある。クレジットカードや、大型飛行機製造といった業界は、２強体制である。大手銀行や携帯電話会社の３強体制、ビール製造の４強体制など、マジックナンバーはいろいろ存在する。

マーケティングの世界では、消費者が記憶しているブランドは３つまでといわれる。エアコンにせよ、チョコレートにせよ、運動靴にせよ、思い出せるブランドはどれもだいたい３つぐらいではないだろうか。世界三大○○や日本三大○○という常套句があるように、上位３つまでが、一般人が関心をもてて、特に意識せずに記憶できる範囲である。

マジックナンバーは、自然成立したにせよ、人為的な業界再編の結果にせよ、一度成り立つと、簡単には変化しない。新規参入が難しいので種数は増えず、かといって弱者を駆逐するにもコストがかかるので種数は減らない。こうして、安定値がある値のまま存続してきたことが、未来も存続する根拠となる。

かつて日本の自動車メーカ各社は、各社３チャンネル以上の販売系列をもっていた。自動車メーカが供給する製品やサービス、そして顧客は、そのまま扱うにはあまりに多様すぎたので、顧客を３つなり５つなりにグルーピングし販売チャンネルを区切ったのである。統合したチャンネルに顧客を定着させ、金融やアフターサービスを顧客層ごとに効率化し、販売チャンネルに対する信頼感や愛着を湧かせて、ブランドイメージを成立させるという戦略であった。しかし、これにはチャンネル同士が競合しないように、チャンネルごとに別の車種を用意する非効率性があり、近年になって効率化のために１つあるいは２つのチャンネルへと統合することが相次いだ。

(3)　空間レジリエンス

さまざまな避難場所があれば、一気に絶滅する最悪の事態は避けられ、種数を保つことができる。

地球の気象条件は長期的に見れば、氷河期が到来するなどの大変動を繰り返してきており、多くの生物はその度に絶滅の危機に見舞われた[42]。特に狭い島では避難場所がなく、気候変動で種が絶滅しやすいため、生物多様性が乏しくなる。また、東西に長く走る険しい山脈も生物多様性を損なう。氷河期が到来した際、北半球でいえば山脈の北側の生物は南へ移動しても高度が上がって寒くなるので、逃げ場がなく絶滅しやすい。

日本の本州のように南北に長い島や、屋久島のように高山がある島であれば、暖地も寒地ももっているから、気温の変動が起きても、生物は居場所を移動して変化を緩和し、絶滅の危機をしのげる。このように、空間の多様性が外部からの撹乱に対する耐久力を与えることを**空間レジリエンス**という。

(4) 互恵関係

競争ではなく、持ちつ持たれつの関係を築けば、それらの種同士は互いの存続に貢献し、種の数を減らさずに済む。これを双利的(あるいは相利的)共生関係という。

花と虫は、双利的共生関係の代表例である。花は虫に花粉を運んでもらわねばならない。虫は花の蜜が欲しい。両者はギブアンドテイクの関係で協力している。花はそれぞれ、形や匂い、咲く時期が異なる。すると、虫のほうも花ごとに専門化してくる。どんな花でも相手にするのではなく、特定の花に合わせて生態を適合させるものが出現する。これは花にとっても、自分に近寄る虫が

42) 地球での約10万年の周期の気候変動(氷期と間氷期の繰返し)には、複数の原因が指摘されているが、なかでも北半球夏季の地球が受け取る太陽エネルギー量(日射量)の変動が重要な因子とされる。また、過去2千年間に着目すると、比較的小規模な気候変動があったこともわかっており、これも日射量変動が影響していたと考えられている。2～10万年スケールの日射量変動は理論的に計算できるものの、20世紀後半からの温暖化は日射量変動のみでは説明できず、大気中の温室効果ガス濃度の人為的な増加が主因であることがわかっている(以上、国立環境研究所地球環境研究センター:「ココが知りたい地球温暖化—Q14　寒冷期と温暖期の繰り返し(阿部学)」)(http://www.cger.nies.go.jp/ja/library/qa/24/24-2/qa_24-2-j.html)。

自分の種の花粉だけを運んできてくれることになり、効率が良い。

このメリットに惹(ひ)かれて、花と虫のコンビの専門化・特異化は相当に進む。花の存在は知られているが、その花粉を運ぶ虫は未だ特定されていないというコンビもある。花が他の虫を全く誘わないので、訪れる虫がほとんどないのである。しかし、互恵関係も深まり過ぎると、共倒れのリスクが生じる。花粉を運んでくれる虫が絶滅すると、花も絶滅に追い込まれるのである。

企業の「系列」も同じ構造である。大会社から部品の発注を多く受ける企業は、社内の体制が発注元に合うように最適化してくる。これはうまくいっている間は最適なのであるが、ひとたび発注者側に異変が起これば、一蓮托生で被害を被る。よって、１社に過度に最適化しないように、事業の多角化の努力を絶やしてはならない。

(5)　人為的な多様度制御

何らかの目的をもって、多様度を人為的に制御する場合がある。生物多様性を減らさないために、動植物を保護し育成する自然保護はその典型である。

江戸幕府は、多様度を２～４とする設定を好んだ節がある。将軍家自体、宗家が断絶した場合の権力継承権を３つの家に限り、御三家や御三卿とした。浄土真宗は、家康の時代に、東西に分裂している(1602年)。その原因は複雑であるが、幕府としては分裂させて勢力を削ぐ狙いもあったとする説も根強い。山伏は種々あった集団を２つに統合・管理した。将棋や囲碁では、３ないし４つの家を専業の棋士として認めて保護し監督した。流派の多様度をあえて残し、１強の出現を許さず、その上に君臨するという戦略であった。しかし、金の小判の製造者については後藤家１つに絞らざるを得ず、後藤家は強大な財力をもつに至った。また、ヨーロッパでは、一つの国教以外を排除するというパターンで宗教戦争が繰り返された。

現代の企業も、多様度ゼロは経営上の危険と見なしている。部品の発注先をあえて１つに絞らず２社に分ける「２社購買」という制度を採っている会社は多い。１社だけでは、価格の適正さがわからないし、何かトラブルが発生した場合にダメージを丸かぶりしてしまうからである。

植民地支配を受けた国では、社会の多様度の制御に腐心している。植民地では、産業は宗主国に都合の良い産業だけに集中するモノカルチャー体制にされてしまう。文化や宗教も対立をあおり、現地人の団結を弱める道具にされがちである。独立後は、こうした不適切な多様性が生み出す害悪の是正が重い課題となる[43)]。

(6)　潜性や惰性による多様性の保存

一瞬、多様度が減ったと見えて、しばらくして回復することがある。珍種が表面上は消えても、その遺伝情報は密かに継承されており、復活するのである。

遺伝情報には、親から受け継いでも、表面的には特徴が表れない**潜性**のものがある。例えば、血液型がA型やB型の人は、O型の遺伝子もある程度の確率でもっている。仮に血液型がO型の人だけが死ぬ病気が大流行し、O型の

43)　植民地支配がもたらした対立の一つの帰結が、ルワンダの集団殺戮(りく)(1994年)である。

農耕民(フツ族)の王国だったルワンダは15～16世紀に干ばつ・飢饉に追われた遊牧民(ツチ族)が侵入し、90%をフツ族、9%をツチ族が占めた。その後長年の部族間の婚姻や同一コミュニティ内での居住などでカースト制度に似た明確な階級社会は激変し、ほぼ同じ言語・文化・宗教を共有するまでになり、民族の差は多数の家畜を所有する富裕層(ツチ族)か、隷属する農民(フツ族)かの差にすぎない場合も多くなっていった。

これを激変させたのがドイツ・ベルギーの植民地支配(1899～1959年)である。特にベルギーの統治下(1918～62)でツチ族の支配階級は統治のために温存され、王の統治する中央集権国家になった。白人の武力を背景にツチ族の支配層はフツ族の労働力を自由に徴発できた。ツチ族はカトリックに改宗しフランス語を身に着け、資力を蓄えた。宗主国はさらに人種の分断を図り、鼻や頭蓋骨の形や大きさを「科学的」に計測して人種を分類し、人種証明書の携帯を義務づけた。教育の機会や軍隊の入隊はほとんどツチ族に限定された。この結果、白人→ツチ→フツという階級制が明確になった。ツチ族の生活水準は高く、心理的な優越感を抱く一方、フツ族の間で憎悪が高まっていった。

1959年フツ族中心のクーデターで王が追放されて独立した後、この混乱期(1959～63年)にツチ族は恨みを抱くフツ族に襲われ、数千人を殺され、10万人以上が国外に脱出した。独立後、少数のフツ族のエリートが政府を支配する一方、広大な土地を所有し高等教育を享受するツチ族が経済を掌握し、生活水準も際立って高かった。しかし、大多数のフツ族の生活は変わらなかった(以上、石弘之：「ルワンダの崩壊—途上国援助の新たな視点—」『国際協力研究』、通巻24号総説、1996年10月)。

このような社会構造を背景に、フツ族出身の大統領の暗殺(1994年)が引き金となり、「フツ族の過激派・民兵集団が約3カ月間に80万～100万人のツチ族や穏健派のフツ族を殺害した。」(『デジタル大辞泉』)

人が全滅しても、O 型の遺伝子は A 型と B 型の人の中に潜在しているから、次世代には O 型の人が再び現れるのである。

潜性による情報伝達ならば、たとえ生存に不利な情報であっても、潜伏して伝承され、一気に全滅するということはない。そして、時代が変わり、その遺伝情報がむしろ有利になった暁(あかつき)には大活躍できる。

今は役に立っていないが、それが必要となったときに「昔取った杵柄(きねづか)」で活躍する形質は、潜性に限ったものではない。顕性の形質にも似たメカニズムがある。ダーウィンは、痕跡器官の存在を進化論の一つの証拠としている。例えば、高地生のガチョウは、ほとんど泳がないのに、足に水かきがある。天地開闢(びゃく)以来、生物種が全く変化しなかったとすると、水かきの存在は不合理になる。種は変化するものであって、太古の祖先は現在とは特徴が違い、水面で泳いでいたと考えるほうが合理的である。水かきは、高地に移った現在では無用な形質であるが、存在してもそれほど不利でもないので淘汰されなかった。将来、再び泳ぐ必要が生じた場合は、有利な形質になるだろう。「一度獲得した特徴を惰性で保持し、多様性を減らさない」という戦略は、将来の変化に備える効果がある。

昭和の頃は、タバコは街角の店先で売られていた。時とともに自動販売機が主流となって、店の窓口は閉ざされた。しかし、購入者の年齢確認が厳格化されると、自動販売機は不便になり、対面で販売するほうが有利になった。今や長年塞いであった窓口を再び開けた店があちこちに見られる。

一般教養を、「今すぐには役に立たない」という理由で学ばない人もいるが、それは潜性の多様性を損なっており、将来における不利を招き寄せている。

2.4 のまとめ

均衡関係や新規参入の難しさなどにより、多様度は変化を免れる。

第3章

モデル化―正規分布当てはめを超えて

多様性を取り扱う統計技法は、ビッグデータ[1]の出現により大きく進歩し、変化した。従来の平均値の算出から、正規分布への当てはめへと進む処理のコースは、多様性の理解には不向きである。特に、「リスクを考える際には正規分布への当てはめは有害である」とする主張も出されている。本章では、多様性のための統計手法の新展開を論じよう。

3.1　正規分布は特別な地位を占める

初等的な統計分析では、まずデータの平均値を計算し、次いで分散や標準偏差を導き出し、各サンプルについて偏差値といった偏りの指標で評価したり、「3σ」[2]や「6σ」という分布の広がりの目安を算定する過程までを、一種の標準的な手順としている。「自分の成績を偏差値で評価された」という経験は受験生(だった)なら平凡なエピソードだろう。品質管理でも、「3σ(平均から標準偏差の3倍離れた値)に注目して、それを合格範囲内に収めることを目標にする」といった管理がしばしば行われる。

1)「膨大かつ多様で複雑なデータのこと。スマートホンを通じて個人が発する情報、コンビニエンスストアの購買情報、カーナビゲーションシステムの走行記録、医療機関の電子カルテなど、日々生成されるデータの集合を指し、単に膨大なだけではなく、非定形でリアルタイムに増加・変化するという特徴を持ち合わせている。このようなデータを扱う新たな手法の開発により、2010年前後から、産業・学術・行政・防災などさまざまな分野で利活用が進み、意思決定や将来予測、事象分析が行われている。」(『デジタル大辞泉』)

2)　ギリシャ文字σ(シグマ)は標準偏差を表す記号である。標準偏差の求め方は**1.3節**(9)を参照。

標準偏差が出てくる段階までならば、正規分布という単語は明示的には出ていない。しかし、分析を次の段階に進めると急に、具体的な確率値を口にする人が多い。「$\pm 3\sigma$を超える確率は0.27%である」とか、「偏差値80以上の人の割合は0.14%である」などという。今挙げた確率値は正規分布を仮定した場合の値である。つまり、暗黙のうちに「確率分布が正規分布である」と決めつけているのである。本来なら、どの分布をなぜ選ぶか、その理由を言明すべきあるが、しばしば省略される。

当てはめる分布の候補には正規分布が選ばれやすい。他の有名な分布(ポアソン分布や二項分布、一様分布、べき分布、ワイブル分布など)は、「観察対象の性質に鑑みてふさわしい分布である」という自信があれば選ばれるが、理由もなく選択されることはない。正規分布だけは、よくわからない場合の安全策として選ばれる。そもそも、我々は観察対象について詳しく知っているとは限らず、その確率分布はわからないということが圧倒的に多い。そのため、正規分布に白羽の矢を立てる機会が増える。とはいえ、そうなるには一応の理由がある。正規分布だけは中心極限定理という不思議な特徴があるためだ。そのおかげで特殊な地位を占めているのである。

中心極限定理とは次のような内容である。観察対象の確率分布が、「未知であるものの、何らかの形を一定に保っていると仮定できる」とする。次に、観測対象をなるべく多く計測し、それら観測値を総合計した値に着目する。このとき、「この和が正規分布に従う」というのが、中心極限定理の主張である。つまり、「個別の計測値の振る舞いは素性が知れないが、それらをたくさんまとめて総和した値は正規分布に従って振る舞う」というわけである。

舞い散る桜の花びらが、1秒ごとに右に行くのか左に動くのかは、現象が複雑すぎてわからない。だが、宙を舞っている何秒間に左右の変位が累積し、その積算結果として地面のどこかに落ちる。桜の幹の近くには多く、遠くには少なく、花びらが落ちる。桜の木と地面を縦と横の二次元で区切ったとき、花びらの厚さはまるで桜の木の位置を平均値とする正規分布に従っているように見えるではないか。

自然現象や社会現象は、小さなメカニズムが重なり合ったものであり、現象の最終結果はそれらの積算であることが多い。それゆえ、自然現象を観測すると、その誤差の分布が、正規分布の形に似ていることが多い。正規分布の関数カーブは**ベルカーブ**ともよばれるが、ベルカーブ状に結果が分布する現象をしばしば見かける。

こうした事情から、「よくわからない自然現象や社会現象には正規分布を当てはめれば無難だ」とする経験則がある。

> **3.1 のまとめ**
> よくわからない変数には正規分布を当てはめることが慣例であった。

3.2 ブラック・スワンと街灯効果

いくら正規分布が経験的に便利だからといって、対象への観察を怠り、安易に使うことは正しくない。それは時として、大ケガのもとになる。

そもそも正規分布は多様性の高いものの分析には不向きである。ベルカーブは頂点が一つだけしかない。これを**単峰性**(たんぽう)という。分布全体もその頂点の周りに集中している。正規分布を持ち出すと、「事象はありがちな1つの答え(平均点)か、それに近い値になることが大半だ」という仮定を置くことになる。この仮定は強引すぎるだろう。多様ということは、単峰ではないということである。多様性の分析には、大量の峰(みね)がある分布を用いるべきである。

リーマン・ショック(2008年9月)以後、**ブラック・スワン**という言葉が俄然(がぜん)有名となった。かつてヨーロッパの人々は「黒い白鳥」は存在しないと考えていた。だが、1697年にオーストラリアに実在することがわかって以来、「あり得ないと思われていたのに実在した予想外の事物」をブラック・スワンとよぶようになった。リーマン・ショックでの株の大暴落は「あり得ないはず」であったが、実際に起こったので、まさにブラック・スワンである。

多くの人々は、しばしば株の値動きが正規分布(より正確にいえば株価の対数が正規分布であるという「対数正規分布」)に従うと、明示的か暗黙かの違いはさておき、仮定する(あるいは単に人の真似をして、ボリンジャーバンドとか移動平均線なるものについて、どうのこうのといっている。その土台に、正規分布や、Z変換、ローパスフィルタといった信号処理理論があってしかるべきだが、全く自覚がない)。これは、現在の値段から大きく値が動く確率は小さいと仮定していることに等しい。株価に惰性や慣性があると信じるのである。

大体の場合、この仮定は正しいだろう。株価が大して変わらなかった日のほうが多いのだ。しかし、ブラック・スワンとして稀に起こる大暴落や大暴騰の場面になるとこの仮定は使えなくなる。例えば、2020年4月20日に原油の先物価格が一時マイナスになった[3)]。対数正規分布に従う数値がマイナスの値になることは、確率が小さいどころではなく、そもそも数式上不可能なので、仮定が根底から崩壊したといってよい。

平穏な通常の日々で、何回も予想的中を重ねてコツコツ稼いでも、たった1回のブラック・スワンで大損して今までの利益がすべて吹き飛ぶこともあり得る。「ブラック・スワンは頻度が少ないから」といっても、救いにはならない。

恐ろしいのは、ブラック・スワンは稀とは言いがたいことである。株式市場を大混乱に陥れる事件は、数年に1度は発生してきた。ライブドア・ショック、リーマン・ショック、東日本大震災、新型コロナウィルスなど、それなりの頻

---

3)　史上初めてマイナスとなったのは、ニューヨーク市場に上場する原油先物のWTI(ウエスト・テキサス・インターミディエート)で取引中心期近だった、5月物である。2020年4月20日の翌日が5月物の決済日だった(先物の購入者はこの日までに先物を売却し決済しなければ、原油そのものを受け取る必要があった)。異常な価格の背景には、「新型コロナウイルスによる需要急減でWTI原油の受け渡し場所の貯蔵施設が満杯になるのが迫っていたこと」「原油自体を受け取りたくない投機筋を中心とする投資家が5月物の売りを急いだこと」「貯蔵施設を手当てできないことから、製油所などの買い手がなかなか現れなかったこと」という“異常事態”が続き、その結果、先物の売り手がお金を支払って引き取ってもらう形となったわけである(以上、日本経済新聞：「NY原油　史上初のマイナス価格、先物に売り異例な値動きの背景は(2020年4月27日)」(https://www.nikkei.com/article/DGXMZO58525420X20C20AQM)。

度で巡ってきた[4)]。「珍しくもないブラック・スワン」とは言葉の定義に矛盾を来(きた)すが、現実はそうである。

ブラック・スワンが増える理由の一つに、「多くの人が正規分布を過剰に使っているため、根拠のない惰性が生じてしまうこと」が挙げられる。本当の価値が急落している会社の株があっても、直近の株価が高ければ、多くの人は惰性で安くない値段をつけてしまう。あるいは、コンピュータのアルゴリズムが惰性でまだまだ高い価格を算出し、自動売買を実行してしまう。他人が高めの値で売買していることが、その値が正当であることの証拠となって、自分も高値で買う人が出てくる。こうして現実とは乖離(かいり)した値で取引が進み、ひずみが溜まっていく。

そして、決算発表で業績の実態が公表されると、ひずみのエネルギが一気に開放されて株価が急激に動くのである。急激に動くと、多くの市場参加者やアルゴリズムは正規分布モデルのパラメータである標準偏差を大きなものに差し替えて、「株価がもっと下がるかもしれない」と悲観的な評価を出す。悲観が悲観をよび、株価は雪崩を打って下がる。アルゴリズム同士の取引なら、ほんの一瞬にしてフラッシュ・クラッシュとよばれる急暴落が起こる。

諸悪の根源は、市場参加者の考え方に多様性がないことにある。正規分布モデルにもとづく大同小異のアルゴリズムに高速取引をさせている参加者ばかり

---

4) それぞれのショックの内容は以下のとおりである。
- ライブドア・ショック：「2006年1月23日、ライブドアの堀江貴文社長(当時)らが、証券取引法違反容疑で逮捕された。この事件で個人投資家らの心理は一気に冷え込み、上昇を続けてきた東京証券取引所の株価は、ほぼ全面安に。」(『情報・知識 imidas 2018』)
- リーマン・ショック：「アメリカの大手証券会社・投資銀行リーマン・ブラザーズの破綻(はたん)(2008年9月15日)が引き金となった世界的な金融危機および世界同時不況。」(『日本大百科全書』)
- 東日本大震災：「2011年(平成23)3月11日午後2時46分ごろに発生した東北地方太平洋沖地震によってもたらされた大災害。地震の規模はM(マグニチュード)9.0で気象庁観測史上最大の地震となった。」(『日本大百科全書』)
- 新型コロナウイルス：「2019年12月に報告された新型コロナウイルスによる、肺炎などの感染症。中国の湖北省武漢市で発生し、日本を含む世界各地に広がった。」(『デジタル大辞泉』)

ならば、全員が同じタイミングで一喜一憂してしまい、値動きが荒くなって当然である。

結局のところ、我々は対象物の多様性をわかっていないのに、正規分布を使ってわかったつもりになっているだけかもしれない。この問題を語るとき、**街灯効果**(streetlight effect)という言葉をしばしば耳にする。それを表す寓話(ぐうわ)には以下のようなものがある。

> 夜、一人の男が街灯の下で地面をキョロキョロ見ている。聞けば、鍵を落としたので探しているのだという。一緒に手伝って探してあげたが、全然見つからない。「どこら辺で落としたのか」と問えば、「本当はこの街灯から遠い、暗い場所で落としたのだが、そこでは探しようがないので、明るいここで探しているのだ」と男は答えた。

この話は、答えが出ないとわかっていても、他にしようがないので、成功の見込みのない分析をしてしまうことへの戒めである。

3.2のまとめ

使える手法でしか分析していないと、やがて大きな落とし穴にはまる。

3.3　平均を気にしないという新発想

正規分布の弱点の一つに、平均を重視しすぎることが挙げられる。分布の平均を計算し、そこを中心に左右対称の分布を当てはめる。これは自然な仮定のようであるが、現実として分布に合うとは限らない。

平均は、世間で今までいわれてきたほどの重要性はない。筆者は最近、そう感じることが多い。平均を使わない分析方法が選ばれ、効果を上げることが増えているからだ。

伝統的には、次のような問題を解くときに、平均の算出は分析の出発点となっていた。

> ある建物を家捜しして、中にあったボールペンを集めて調べてみたところ、その質量は、平均は20gで標準偏差は10gであった。腕時計でも同じ調査をしたところ、質量の平均は100gで標準偏差は50gであった。今、ボールペンか腕時計のどちらかとおぼしき、質量が50gの物体が袋の中に入っている。これがボールペンである確率はいくらであろうか？

質量50gは、ボールペンの平均からは30g離れており、それはボールペンの標準偏差の3倍である。**図3.1**のように正規分布が当てはまると仮定すれば、確率密度は0.0004である。一方、腕時計の分布を正規分布で近似した場合、質量50gでの確率密度は0.0048である。確率密度同士の比率にもとづき、ボールペンである確率は8%と計算できる。

以上のような分析がごく普通であった。各データの値を、まず平均との差をとり、それを標準偏差で割ることを**正規化**という。こうして「何々σ」の形にして、その珍しさの度合いを論じるのである。多次元データの場合は、データ項目次元の間にある相関関係なども考慮したうえで、正規化するが、そうした値を**マハラノビス汎距離**とよぶ。

ところがこの方法は、現代的な手法と比べて識別性能が良くないのである。平均や標準偏差は、主に「多数派がどうであるか」について語っている情報のため、「分布がどこまで広がっているか」「最高値と最低値はいくらか」という情報を捨ててしまっているためである。

識別のためには、最低値や最高値のほうがはるかに重要である。調査した際に、質量が60gのボールペンが見つかっていて、一方、腕時計で一番軽いも

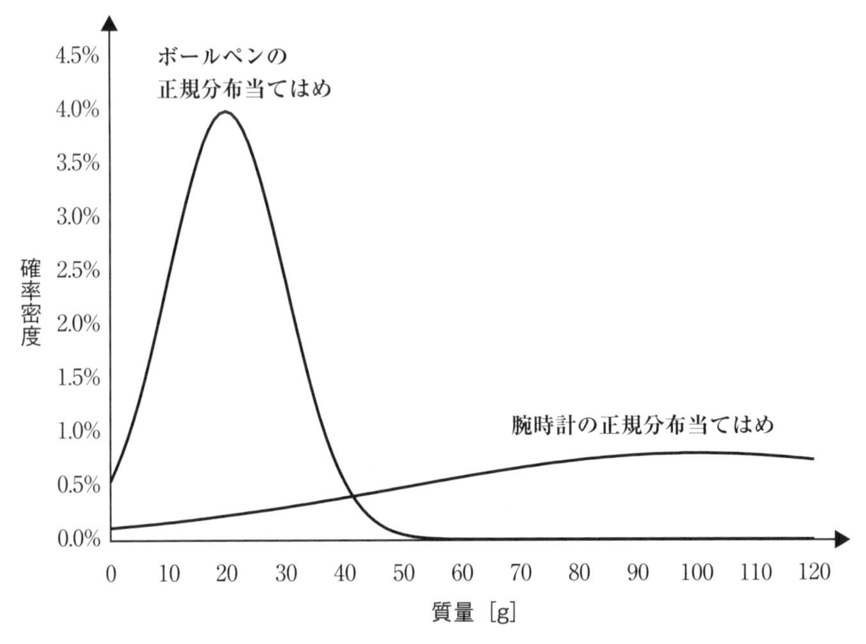

図 3.1　正規分布に当てはめる場合の模式図

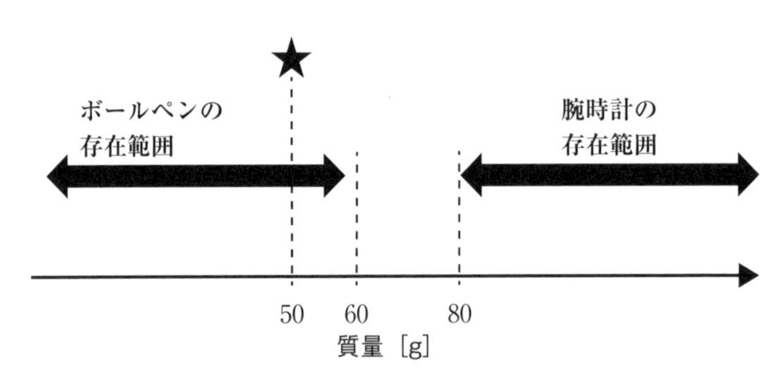

図 3.2　範囲の端に注目して識別する場合の模式図

のは 80g までだったとすれば、**図 3.2** のように、質量 50g の物体はボールペンと推定するべきであろう。

このように分布の端にだけ注目するという発想のなかで、成功し最も人気を博したものとして、**サポート・ベクター・マシン**(Support Vector Machine：SVM)という識別アルゴリズムが挙げられる。

さらに現在は、SVMよりも高性能な深層学習[5)]のほうがブームになっている。大量の学習用データがあるのならば、深層学習が選ばれることが多い。深層学習は、平均を考慮するべきか無視するべきかも、自動で判断する。平均を特別扱いすることはない。平均を考慮に入れると認識を間違える題材ならば、無視するように学習していく。

> **3.3のまとめ**
> 集団のへりに意味がある。平均はそれほどでもない。

3.4　その存在自体以外に存在証明がない存在

「ブラック・スワンは存在するか否か」という問いは、いわゆる**悪魔の証明**である。つまり、実例を発見すればそれで「存在する」という結論とともに証明は終わりになる一方で、「存在しない」という結論を出したくても、「単にまだ調べが浅く見つかっていないだけかもしれない」という反論に永久に付き合わざるを得ず、証明不能となる問いなのである。このように、「存在している報告以外にその実在を証明するものがない」という事柄は、世の中に実に多い。

生物の種は、ブラック・スワンがまさにそれであるように、実在を観測することでしか実在証明ができない。だからこそ、新種発見の楽しみがあるともい

5)「ディープラーニングは、深い、すなわち、層の数が多いニューラルネットワーク(引用注：多数の神経細胞(ニューロン)のネットワークである人間や生物の脳神経系の構造やふるまいからヒントを得た情報処理の仕組み)を用いた機械学習を意味し、深層学習と訳される。より広い意味では、局所的特徴から大域的で抽象度の高い特徴に至る階層構造をもった特徴表現(内部表現や潜在表現ともよばれる)をデータから学習することを可能にする、表現学習の一種である。」(『日本大百科全書』)

える。とはいえ、「あまりに突飛な架空の生物は存在しない」と実質的には証明できる。例えば、頭から第三の腕が生えている人間は存在しないだろう。というのも、人間の四肢の発生メカニズムから頭に腕は生えないのである。そのメカニズム自体が改造されるほどの変異が生じれば可能かもしれないが、その確率は実質的にはゼロと見なせる。

逆に、「メカニズム上、可能なデザインであれば、その生物は地球上のどこかに実在しているのではないか」と思えるほどに生物の種類は多い。例えば、極めて独特な形状をしたツノゼミや、カタツムリに寄生して鳥に食べられるように行動を操るロイコクロリディウムなど、想像を絶する生物が存在する。

数学は、実在例の捕獲に頼る存在証明に対して、理詰めで決着がつくように論理を作り上げることが目的の一つである。数学の問題のパターンには、「奇数の完全数は存在するか？」(ちなみにこの問題は未解決である)などのような存在証明問題がある。そうした問いに対しては、コンピュータで広範囲を捜索してみて、「調べた限りでは見つからなかったから、おそらく非存在だろう」と予想はされているものの、結局証明できていないから未解決問題であるものも多い。

というのも、この広範囲の捜索というものが、当てにならないのである。この例としては、ゲーベル数列(Goebel's Sequence)があり、下記の漸化式で定義される。

$$a_0=1、a_n=\frac{1+a_0^2+a_1^2+\cdots+a_{n-1}^2}{n}$$

この数列は「1、2、3、5、10、28、154 …」となり、すべて整数であるかのように見える。しかし、$n=43$ になって初めて整数でなくなる。その値は 10 の 1784 億乗ほどの巨大数であり、これはさすがのコンピュータでも持て余す値なので捜索を打ち切りたくなる。そんな彼方に、まさかの例外、ブラック・スワンが待ち構えている。

どんなに難しい数学の問題であっても、「いつの日にか、捜索などに頼らずとも、証明が編み出されて、真偽がわかるはずだ」といえるのならば、話はまだしも簡単だ。しかし、例えば連続体仮説[6]のように証明も反証もできないという命題が、数学にはある。そもそも「自分がチャレンジしている問題が、どだい証明不能」という可能性すらある。

以上のように、存在を理屈詰めで証明できない物事は多い。我々が知っている多様性は、単に発見できている範囲内だけでの話であり、多様性の真相を知り得ていないおそれは十分にある。これは多様性を論じることそのものの限界を示している。

3.4 のまとめ

その存在自体以外に存在の証明のしようがない問題がある。やっかいだが、そこに新種発見の楽しみがある。

3.5　多様度の真値に迫る

我々はすべての種を知り得ないが、そのすべての種がどれくらいあるかを推定できないだろうか。

大抵の場合、真の多様度は、我々が観測から知り得た多様度よりも大きいはずだ。珍しい事物はなかなか発見されないので、我々が見つけた種数は、未発

6) 「実数全体のつくる集合の濃度を$\aleph$（$\aleph$はヘブライ文字で、アレフと読む）で表し、連続の濃度あるいは連続体の濃度という。自然数の集合全体のつくる集合、自然数から自然数への関数全体のつくる集合、一つの線分上の点全体のつくる集合、一つの平面上の点全体のつくる集合、空間の点全体のつくる集合などは、すべて連続体の濃度をもつ。無限濃度は無限個あるが、選択公理のもとでは、これらに大小の順序をつけて、$\aleph_0$、$\aleph_1$、$\aleph_2$、……のように並べることができる。最小の無限濃度は$\aleph_0$で、これは自然数全体、あるいは有理数全体のつくる集合の濃度で、可算濃度といわれる。G・カントルは対角線論法を用いて、連続体の濃度が可算濃度よりも大きいことを示した（1874）。「連続体の濃度は何番目の濃度であるか」あるいは「可算濃度$\aleph_0$と連続体の濃度$\aleph$との間の濃度をもつ集合が存在するか」という問題が連続体問題である。「$\aleph = \aleph_1$で、$\aleph_0$と$\aleph$の間の濃度は存在しない」というのが連続体仮説である。」（『日本大百科全書』）

見の種数だけ小さくなる。例えば、東京の天気を観測するとして、雹(ひょう)という極めて珍しい現象を観測する確率は極めて低い。すると、大抵の場合、「雹という天気の種は東京にはない」と多様性を過小評価してしまうだろう。

(1)　Miller-Madow のエントロピ過小評価の補正

多様度をエントロピで計る場合も同じで、観測されるエントロピは真実よりも小さめになる傾向が強い。

エントロピの過小評価を正すために Miller-Madow の補正式がある。これは次式のように値を大きめに補正してエントロピの推定値を算出する。

$$H' = \sum_{i=1}^{S} p_i \log_2 \frac{1}{p_i} + \frac{d}{2N}$$

この式の第1項は通常のエントロピの定義であり、第2項が過小評価の補正である。ここで d は統計自由度(この式の場合では状態数から1を引いた値、すなわち $S-1$)であり、N はサンプルサイズ(観測した個体数の総数)である。サンプルサイズが分母にあるから、観測が多ければ補正項は小さくなり、補正の役割は薄れる。また、状態の数(分類の種数)が多ければ補正の必要が大きくなることを示している。

Miller-Madow の補正式の直接の役目は、真の値に近づけることにあるが、いまいち心許(もと)ない。というのもこの補正は、p に小さいものが多いデータでは、過剰な補正になる欠点があることが知られているからである。

上記の補正式の真の意義は、「多様度の精度を自分が満足できるレベルに上げるためには、あとどれだけ観測を重ねてサンプルサイズを増やすべきか」を教えてくれることにある。

(2)　Good-Turing の見逃し種数の推定

アンケートで、一番好きな果物を尋ねてみたら、イチゴと答えたのが10人、メロンは8人、桃は4人、パイナップルは1人、ぶどうは1人いたとする。しかし、これ以外にも人から好まれる果物は存在していて、たまたまアンケートで答えが出なかっただけかもしれない。では、何種の果物を取り逃しているのだろうか。

数学者 I. J. グッド(1916 ~ 2009 年)によると、「もう 1 人アンケートするとして、その答えが今までに回答に挙がった種に該当しない(新しい回答内容に出会う)確率」は、n_1/N という値であると推定できるという。ここで n_1 は 1 回しか観測されなかった種の数であり、N は全観測数である。上記の例の場合は、2/24 すなわち 8.3% がその確率となる。

言い方を変えれば、我々は全体のおよそ $1-n_1/N$ の割合しか観測できていないのである。有限の調査では未知の新種を見逃してしまうというわけだ。このとき、全体に対して観測がカバーしている度合いを**サンプル・カバレッジ**(sample coverage)という。

この式は他の題材にも応用が利く。例えば、世論調査や選挙の出口調査で 1 名しか支持者・投票者が見つけられていない政党が多数見受けられる場合には、その調査のサンプル・カバレッジはまだ小さいということである。

上記の説に立てば、どんなにマイナーな回答でも 2 名以上の票が入るまでは、調査を続けるほうがよい。全回答が 2 票以上となれば、$n_1=0$ となるため、「いまだ調査で未発見になっている回答は少ないはずだ」と期待できる。

だが、Good-Turing 法は、単純に適用すると n_1 という非常に運次第で不安定な値に依存しすぎているため、精度が低くなる。全回答が 2 票以上なら OK という基準では心許ない。

サンプルサイズの過不足を評価する、定量的な指標として例えば Kaiser(カイザー)-Meyer(マイヤー)-Olkin(オルキン)(KMO)尺度などがあるが、「指標が良ければ大丈夫」と判断するのは早計である。データの内容をよく見て、変な偏りがないかを吟味することが必要だ。大学の先生が書く学術論文でありがちなことだが、「人間の回答のデータです。KMO テストをクリアしました」と言いつつ、その「人間」とは全員が所属する大学の学生という場合が多い。つまり、「もとからある偏りが実験の目的に照らして適切かどうか」を考えねばならない。このような理由からより慎重を期して、「十分に信頼の置ける調査結果を得るためには、一番不人気な回答でも10人溜まるまでは調査を止めないことが望ましい」というコンセンサスが社会調査の学界にはある。

とはいえ、一番マイナーな回答に10人集めるのは相当に難しいし、莫大なコストがかかる。そのため、例えば動物学の学界では、サンプル・カバレッジの推定値が90%や95%といった大きな値を超えていれば、サンプル・カバレッジは実質的には100%(全種観測できた)と見なしてよいという慣例的な目安がある。

グッド自身やその後の研究者は、n_1の不安定さを解消する方法を論じている。例えば、ファーガンとゴールドマンは、「ある回答に集まる票数は“切断対数正規ポアソン分布”に従う」と仮定して、n_1を補正する方法を提案している。ただ、あまりに複雑であるし、その分布を選ぶことが仮定として適切かという問題もある。結局、観測を増やして値を安定させるほうが正攻法である。

余談であるが考えさせられる話がある。I. J. グッドはGood-Turing法を単独で1953年に論文発表している。しかし、その論文で「この発明の中核は、(コンピュータ科学の巨匠である)アラン・チューリング(1912～54年)が教えてくれたものであり、彼の手柄とするべきだが、グッド単独で発表することを彼は許可してくれた」旨を述べている。つまり、本来はチューリングを筆頭著者にする必要があったわけである。なぜこのようなことになったのかは書かれていないが、推測するに、この両氏は戦争中の暗号解読の極秘任務で出会ったため、この発明も暗号破りのための手段として編み出されたと思われる。そしてチューリングには、機密に関する成果を発表することに制約が課されていたらしい。

確かに、「敵の部隊のうち何割を観測できているか」、そして「未発見の事物がいくらあるか」という推定は、軍事や暗号解読では必須である。

(3) ドイツ軍戦車問題

軍事では未発見物を推定する問題が他にもある。**ドイツ軍戦車問題**もその一例である。

第二次世界大戦中、連合軍は「ナチスドイツが戦車を何台生産しているか」を知りたかった。そこで目をつけたのが、戦車に書かれている車体番号である。生産台数が多ければ、当然、大きな番号をつけた戦車に戦場で遭遇しやすくなるはずである。

ここで、「車体番号は律儀にシリアルナンバーで、1番から順々につけられている」と仮定する。つまり、生産第1号は1番、2号車は2番とし、番号の上げ底や数字飛ばしはないとする。

戦場で、k台の戦車を見かけ、そのなかでの車体番号の最大値をmとする。このとき、実際の生産台数の推定値は以下のようになる。

$$\frac{k+1}{k}m-1$$

例えば、6台の戦車を見かけ、その番号が3、11、24、45、61、67であったとすると、$k=6$、$m=67$であるので77.17、つまりおよそ77台が生産されていると推定される。

生産台数や販売実績は、他社には知られたくない情報である。製品に生真面目に1番からシリアルナンバーをつけると、生産台数がばれてしまうので、偽装をこらしたほうがよい。皮肉にも、ナチス党は党員番号を制定するにあたり、党員数を多めに偽装するために党員番号に500も下駄を履かせていた。ヒトラーは実際は55番の党員だったが、555番と大きな数字にされた。

(4)「1000年に1度の災害」は、実際はどれくらい起こるか

ブラック・スワンを語るとき、「1000年に1度の異常気象」や、「10000年に1度の大地震」といった言い回しをする。

「N年に1度の確率で起こる出来事をN年間待ったが1回も起こらなかった」ということはあり得る。それはどれぐらいの確率で成り立つだろうか。この確率は次の式のようになる[7]。

---

7)　以下の式で、「→」(極限)が理解できなければ『微積分のはなし(上)【改訂版】』(大村平、日科技連出版社、2007年)などを参照。また、「≈」は「近似的に等しい」の意味である。

$$\left(1-\frac{1}{N}\right)^N \xrightarrow{N\to\infty} \frac{1}{e} \approx 0.368$$

つまり、Nが大きければ約37%になる。eは自然対数[8]の底であり、ネイピア数とよばれる。$N=10$でも確率はすでに約35%に達しているから、この種の問題に出会ったら、Nがよほど小さくない限り、ワンパターンに約37%と見積もってよい。

信頼性工学では「この機械を100回使ってみたが、1回も壊れなかった。だから、故障率は1%未満だといえるか？」という問題をよく目にする。真の故障率が1%もあるダメな機械であっても、37%ぐらいの確率で100回連続無故障になる。37%はかなり大きな数字であり、運次第で検査をくぐり抜ける危険が高い。

「故障率が$1/N$未満である」と保証するには、テストの回数をNより大幅に増やさなければならない。故障率が1%の機械を600回使って、故障が1回も起こらない確率は約0.24%である。よって、「600回連続でテストした結果、1回も故障しなかったので、有意水準0.5%とするとき、故障率は1%未満であるといえる」という形で主張する。有意水準は慣例で切りのよい0.5%や1%に設定される。有意水準1%にて、失敗率1%未満を検定するには460回連続成功が求められる。

ネイピア数が出てくる同種の問題はまだある。敵の船が面積Aの海域に1隻の密度で存在する場合、「偵察機を探して、面積Bだけ海域を捜索したが、1隻も見つけられない確率」は、以下のとおりである。

$$e^{-B/A}$$

ちなみに、$B=A$の場合(平均1隻は見つかりそうな面積を探し終えた段階で未発見である確率)は、お馴染みの約37%である。この式は、第二次世界大戦中に連合軍が使った。

---

8)　自然対数の定義および計算方法については、『関数のはなし(下)【改訂版】』(大村平、日科技連出版社、2012年)など、他書を参照。

(5)　大津波の高さはどう想定されてきたか

実務上で重要なことは、予測のための理論それ自体の性能や優劣よりも、「学術や情報の進歩にどのように向き合うか」という点である。そのことを事例から見てみよう。

2011 年の東日本大震災では、大津波が福島第一原子力発電所を襲い、浸水による電源喪失を招き、重大な事故に至った。しかし、電力会社も規制当局も津波のリスクを想定外としていたわけではない。E. E. ルイスによる『原子炉の安全工学』(1977 年)という標準的な教科書では、「原子力発電所の設置では、津波だけでなくセイシュ(湾や湖などで起こる水面の異常上昇現象)といった立地要因も考慮すべき」と、マイナーなリスクまで目を届かせている。

定性的にはリスクを意識するとしても、定量的に津波の高さを予測することは難しい。新しい学説が出現したり、大昔の津波の調査が進むなどして新たなデータが出現すると、予測値も次々と更新される。また、安全対策上は、津波高さの予測値をそのまま使うだけでなく、安全のためには余裕を織り込ませることがある。「5m の津波が来ると予想されるが、安全か？」という検討もあれば、「仮に 10m の津波が来るとしたら危険か？」という観点の分析もなされる。よって、一口に予測値といっても、その文脈や使途によって値に差がある。

実際の津波高さの予測値や、対策の目安となった値は、**図 3.3** のようになった。情報の少ない昔ほど評価が甘いが、事故直前では厳しめの予測が出るようになっており、2011 年に近づくほど予測の値がばらけている。これは予測値の使途の違いのせいもあるが、「学説や情報のアップデートが急ピッチであり、学界全体での見解がまとまるほどには、まだ時間が経っていなかったから」ともいえよう。

「どのくらいの高さの堤防があれば津波や洪水を防げるか」という問題は、治水・水文学(すいもん)[9]の分野では昔から研究されてきた課題である。ここから、大津波のような極端な値を予測する極値統計学が発達してきており、最近注目を集

9)「地球上における水循環を研究し、水利用、水資源の確保、循環型社会、環境保全などを考えるための基礎知識を提供する学問分野。」(『日本大百科全書』)

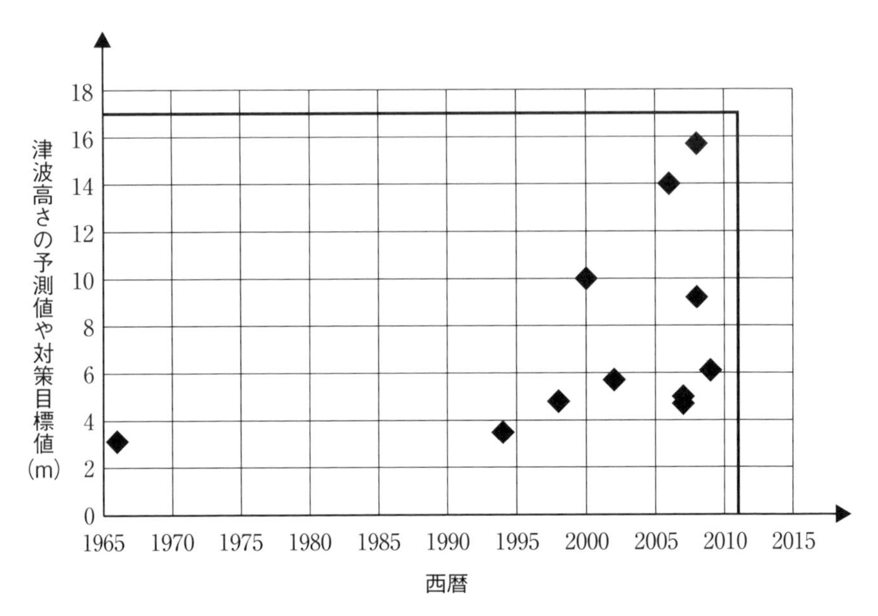

注） 実線は、実際に起きた大津波（2011 年 17m）を示す。
出典） 値は、日本学術会議 総合工学委員会 原子力安全に関する分科会：「我が国の原子力発電所の津波対策（2019 年 5 月 21 日）」、『学術の動向』、2019 年 7 月より引用。

図 3.3 福島第一原発に関する津波高さの予測値および津波対策の目標として設定された値の変遷

めている。数学的に高度な理論だが、これを用いて稀な事象を予測する場合にも、やはりある程度の量のデータが必要になるため、結局は津波のように稀で記録の少ないものには不向きになってしまう堂々巡りの難しさがある。

データが多ければ、「力業で経験則を見つける」という戦略もある。大津波に比べれば、河川の大洪水はまだしも頻度が多い。河川の流域面積と観測史上最大水量の関係を表すクレーガーの式が知られている。この式を作るためにクレーガーは世界の 1,000 本の河川の記録を集め、分布にフィットする経験則を導き出したのである。

我々が、未知のものの真の値に迫ろうと努力すると、データを集めはじめて、理論研究が進み出す。その成果によって、数年度には我々はより真実に近い推定ができるようになるだろう。現時点での予測は現時点では頼みの綱であるが、それがいつまでも有効とはいえない。現時点の値の精度ばかりにとらわれず、自分の知識のアップデートを心がけるほうが重要である。

3.5 のまとめ

我々はどれくらい珍種や珍現象を見逃しているか。それは神のみぞ知ることだが、推定する方法は提案されている。

3.6 多様性をとりこぼさない計測は難しい

上記に述べた、多様度の過小評価傾向の問題は、「神ならぬ人間が計測できる範囲は全体より小さい。全種類を発見できるわけではない」という、純数学的な理由で生じるものであった。しかし、単に計測方法自体に問題があって、多様度を間違って計測してしまうことも十分に警戒すべきである。

代表例が**プールする誤り**(pooling fallacy)である。これは、本来は広く浅く多種多様で毎回新規の対象を調査すべきなのに、同じ対象を使い回してしまうことである。「100 人にアンケートしました」といいつつ、同一人物が 2 回答えてはダメである。ニュース番組で街の声を聞く街頭インタビューをするとき、毎回同じ場所でやると、同じ人が何回も登場してしまうだろう。動物学の調査では、野山に分け入り希少な動物を 100 回観察した場合、100 回すべてが違う個体であるという理想はなかなか難しいという事情も注意せねばならない。

心理学の実験の多くは、大学で学生を被験者にして実行されているせいで、同じ大学生が実験に何回も使い回されている。また、大学生は若いし、職に就いた社会人でもないので、社会の平均から見れば特殊な集団といえる。「特殊な集団の特定の人を使い回した実験の結果を、人間一般に成り立つ法則として論文にしてよいのか」という懸念は以前から存在する。

リッター効果(litter effect)は、「同じ母親から生まれた子(同腹子)は似ているので、そのなかでの多様度は少なくなる」というものである。確かに同腹の兄弟姉妹を調べると顔が似ている。しかし、だからといってその結果から、顔の多様性は小さいと結論するのは間違いである。サンプルには、なるべく出身背景が異なるものを集めねばならない。

一般にデータは、計測しやすいものや、人々が興味をもつものが、多めに記録される。野球のニュースではホームランは取り上げられるが、ボール球を1球見送ったシーンは省略される。我々は記録を見て結論を得ようとするが、「ニュース番組でホームランシーンばかりを見て野球を語る」という愚を犯しているかもしれない。

歴史書には、合戦や日食などの珍しくて目立つ現象は記録されているが、取るに足らない出来事は記録されない。江戸時代後期の喜田川守貞(もりさだ)(1810年～？)は「葬式で会葬者に配られる饅頭が昔と比べて豪華になった」と書き残している。「こうした些細なことから全体がわかるのだ」とし、「同時代人は目にもとめないが、未来人には有益な情報であるから記録する」と述べている。この記録書が『守貞謾稿(もりさだまんこう)』(1853年成立)である。平安時代の僧・円仁(えんにん)(794～864年)は遣唐使の一団に加わり唐に渡った。その際に外国人旅行者の目線で、旅の細かい記録を日記『入唐(にっとう)求法巡礼行記』(847年)に残している。例えば、「西暦840年の唐では麺の値段が70～80文であった」とわかるが、同時代の唐人には日常にある珍しくもない情報なので記録を残していない。そのため、円仁の記録は当時の唐の日常を教えてくれる極めて貴重な史料となっている。

こうしたメモ魔がいなければ、些細な事柄をも残す記録は作られなかった。現代では誰もがスマートフォンを持ち、いつでもどこでも動画を記録できる。データの貯蔵も実質的に無限にできる。記録したデータの整理や検索も人工知能がやってくれる。些細な記録がもつ力を活かせる時代になっているのである。

3.6 のまとめ

ホームランのシーンだけで試合を理解するなかれ。すべてを細かく見よ。

3.7　無用な多様性と、それを捨てる能力

世界の物事は多様であるが、その多様度はいくらであろうか？　全宇宙の多様度を情報エントロピで計るとすれば何 bit になるだろうか？

宇宙の中で成立し得る出来事のパターンは膨大にあるが、それに比べると、実際に成り立っている出来事のパターンはかなり狭い。

金出武雄博士[10]から、面白い話を教えてもらった。**図 3.4** のような、縦 10 列、横 10 列の 100 マスに白黒の画素で描くドット絵を考えてみよう。このような画像は、現代のインターネットでやりとりされる MB（メガバイト）レベルの画像に比べれば、話にならないくらいに小さくて粗い。「この枠内でハトとカラスを描き分けろ」といわれても困る粗さだ。画像ファイルにすれば、そのファイルサイズたったの 100 bit である。

しかし、である。この枠に描ける絵の多様性、つまり絵のパターンの数は実に 2 の 100 乗(およそ 1.27×10 の 30 乗)とおりになるのである。さて、このドット絵を順番に、毎秒 1 枚ずつのペースで見ていくとして、全パターンを見終わるのにどれぐらい時間がかかるだろうか？　つまり、「2 の 100 乗秒がいくらか」という問いになる。その答えは 4×10 の 22 乗年(400 垓（がい）年)である(垓は兆の 1 億倍)。宇宙ができてから、まだ 140 億年しか経っていない。つまり、ビッグバンの頃から毎秒新しいパターンの絵を見続けたとしても、全体の 1 億

10)　画像工学・ロボット工学の権威。2021 年 1 月現在、国際的な最先端研究を展開する国際研究拠点としての役割・機能を担う京都大学高等研究院の招聘（しょうへい）特別教授。1970 年代以降コンピュータによる画像認識研究の一連の先駆的研究に取り組み、その業績は基礎的かつ実用的なインパクトをもたらしてきた。

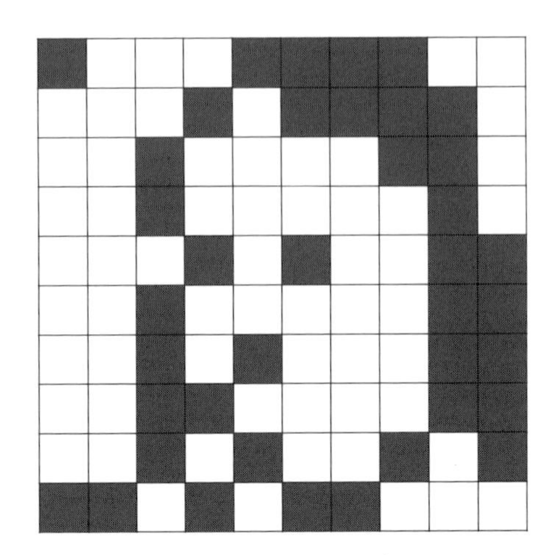

図 3.4　わずか 10×10 画素のビット絵の一例

分の１も見終えていないという計算になってしまう。

我々は常識的に「小さなドット絵では狭いし、色もないので、バリエーションが全然足りない」と考えてしまう。実際、ドット絵の大半は砂嵐のような画像ばかりで代わり映えがしない。しかし、それらの細部には違いがある。なのに我々の知覚はそのような違いをあっさり無視し、「砂嵐はどれでも全部ひっくるめて砂嵐１種類」と識別する。

我々が、外観が酷似した２つのリンゴを見ると、「ほとんど同じではないか」と感じる。実際には、「リンゴの形がわずかに違う」「小さなホコリが１つ付いている」といった微差があるが、それらは意識にのぼらない。我々が取り上げるのは「これはリンゴである」とか「これはあまり傷がついていないリンゴである」という記号化・符号化した情報だけである。

このように、人間は、無用な情報を捨象するのが得意である。しかも膨大な量の情報を捨てて、用事を果たすのに必要な情報だけを取り出せる。手書きの文字は、人によって筆跡が違うものの、例えば「あ」の字なら、誰が書いたとしても、そこそこ丁寧な字なら「あ」と認識することはできる。筆跡の多様性を無意識に無視できるのだ。

コンピュータはこの芸当が、最近までできなかった。初期の文字読み取り装置は、お手本の型どおりの「あ」なら識別できるが、少しでも形が違えば、たちまち誤認したものであった。

3.7 のまとめ

現実世界の多様性は膨大である。無用な多様性をうまく無視することで認識ができる。

3.8　深層学習が多様性の見極めで人間を圧倒

コンピュータの画像認識能力は、初期の段階では無駄な多様性を捨てられず、人間よりかなり劣っていた。コンピュータに写真を見せても何が写っているのか答えられなかった。

1990年代までは、認識に必要な部分を人間がコンピュータに指示して認識させるという方針で技術が開発されてきた。例えば、カメラを傾けて撮影した写真は、まっすぐに撮った写真と比べ、絵面は異なるが、被写体が同じであれば、意味内容は同じと解釈するべきである。つまり、カメラアングルの角度次第で変化する特徴は無視し、回転に関して不変の特徴量だけを採用するべきである。「いや、“E”と“ヨ”の字は、回転を無視すると混同してしまうから、回転角度情報も残すべきだ」などという、細かい工夫を積み重ねて、画像認識アルゴリズムを人間が作り込んでいったものであった。「認識に役立つ特徴量をいかに選ぶか」が、人間の腕の見せ所であった。

一方で、「多様度が無駄か否かを決めるには、人間が工夫するのではなく、自動の機械学習に任せるべき」という考え方は昔からあった。しかし、機械学習の性能を上げるには、膨大な量のお手本データが必要だった。昔は、画像データファイルを1つ作るのに、「フィルム写真で撮影し、現像のために写真店で金を払って2～3日待ち、画像スキャナで読み取る」という手間がかかっていたため、千や万の画像ファイルを大学の研究室レベルで用意することは、まったく現実的ではなかった。

それが2000年代に入ると、デジタルカメラ[11]とインターネット[12]が普及し、膨大な数の写真データを誰でも容易に入手できるようになった。また、コンピュータの性能も格段に向上[13]し、機械学習を利用する機運が高まった。遂に2012年に、どんな被写体であっても、ほぼ人間並みの性能で識別できるシステム(AlexNet)[14]が登場し、人工知能ブームのセンセーションが起こった。

---

11)「世界市場初のデジタルカメラは富士写真フイルム社(現、富士フイルム社)の「DS-1P」で、1988年(昭和63)に発売されたが、数百万円と高価であったため普及しなかった。しかし、1995年(平成7)にカシオ計算機社より発売された25万画素の「QV-10」は6万5000円と手ごろであったため一躍注目を浴びた。」(『日本大百科全書』)
　内閣府の『消費動向調査』によると、デジタルカメラの普及率は2002年で22.7%(100世帯に24.7台の割合)だが、2010年には69.2%(100世帯に94台の割合)となっている。

12)「1980年ころまでにTCP／IPが確立され、インターネットということばが使われた。技術的にも、また管理体制上も幾多の変遷を経た後、1989年に商用に開放され(日本は1992年)、また、93年にWWW(ワールド・ワイド・ウェブ)のGUI版Webブラウザーである「Mosaic モザイク」が出現し、以降、世界的に爆発的な勢いで普及が始まった。」(『日本大百科全書』)
　2001年を総務省の『平成13年版　情報通信白書』は、「ブロードバンド元年」と位置づけた。日本では、ブロードバンド回線のうち光回線(FTTH)およびDSL回線の契約数は、2000年には7万契約だったのが、2010年には2,836万契約まで急増した(総務省：『平成23年版　情報通信白書』「第2部　特集　共生型ネット社会の実現に向けて」)。

13)　コンピュータの性能比較として、例えばIntel製のCPU性能を比較してみると、Pentium4(2.4C GHz)(2003年)とCore i7-3930K(2011年)で「CPUスコアは最大で24倍も速くなった」という(日経クロステック：「昔のCPUと比べて今のCPUはどれくらい速くなった？(2012年3月5日)」(https://xtech.nikkei.com/it/pc/article/knowhow/20120228/1042383/)。
　また、とあるCPUの性能比較サイトでは、CPUマークについて、Core i7 3930Kが1,741、Core i9-10900K(2020年)は3,178としており、単純比較で約1.8倍の差しかない。CPUの性能向上の度合いが緩やかになっていることがわかる(PASS MARK SOFTWARE：「CPU Benchmarks」(https://www.cpubenchmark.net/singleThread.html))。

14)　2012年の米国の画像認識コンテストで優勝したシステムで、従来型の手法に比べて10%以上も高い正解率を出してディープラーニングの性能の高さを証明した。ディープラーニング関係では、開発者(Alex Krizhevsky)の名前をとってAlexNetとよばれる(以上、日経クロステック：「学習とニューラルネットワークの振る舞い(2016年11月28日)」(https:xtech.nikkei.com/it/atcl/column/16/111800262/112100004/))。

ここで脚光を浴びた**深層学習**(ディープラーニング)とは、要するに無駄な多様度を見定めて捨てる技術である。分析対象のさまざまな特徴を観察する一方で、対象の再現に役立たない部分は捨てる。

例えば、「ジグソーパズルから１ピースを取り外して捨てても、元のパズル全体の絵を復元できるか」と考える。隅っこ辺りにあるピースならば、たとえ失っても当て推量で復元できるのではないだろうか。通常、隅っこは背景であって、あまり細かい模様の変化がないだろう。すると、失ったピースの色は、上下左右の近隣と同じ色ではなかろうか。例外はあるにしても、かなりの確率でそうであろう。よって、隣と同じ色に塗ったピースをでっち上げてはめ込めば、絵は復元できると期待できる。

この作戦が、リンゴの絵のジグソーパズルでも、富士山の写真のジグソーパズルでも、他の絵の場合でも、うまくいくケースが現実に多い。どんな絵でも、復元に差し障(さわ)りのないピースというものが出現するものである。こういう部分の情報は捨ててよい。厳密に言えば捨てた情報の完全な復元は不可能であるが、実用上は差し障りない。パズルの題材になる絵を、当て推量で復元する分には、「隅っこは背景だから色の変動が少ない」とか「周期的な模様がある領域の付近は、同じ模様が続いている」といった経験則でも十分に役に立つ。

こうして無駄を切り捨てていくと、絵を復元するために必要な部分だけが浮き彫りになる。必要な部分まで削ってしまうと、例えばリンゴを富士山と間違えてしまうことになる。削ってはいけない部分こそがリンゴがリンゴであるための中核的な情報であり、被写体の識別の際に目を向けるべき部分なのである。

深層学習とは、上記の方策をより高度に洗練し、複雑化させた形で成り立っている。深層学習の技術は、特定の題材にこだわらないので、非常に汎用性がある。被写体の識別だけでなく、病気の診断や天気予報、文章や絵画の自動生成といった、違うジャンルの課題にも広く応用されている。囲碁や将棋で人工知能が人間を圧倒することになったのも、深層学習の功績が大きい。囲碁や将棋に強くなるには、局面を見て短時間のうちに、それが先手有利か後手有利かを正確に識別できなければならない。つまり、高速に動作する局面の評価関数が必要なのだが、この実現は従来は非常に難しいと考えられていた。しかし、深層学習の進歩により、コンピュータが形勢判断に必要な局面の特徴とそれ以外をふるい分け、人間よりも正確に形勢判断できるようになった。

深層学習(より一般にはニューラルネットワーク)は、正規分布当てはめの分析とは方針が異なる。正規分布主体の分析は、平均値を中心として広がる楕円体へのフィッティングを目指す。一方、ニューラルネットワークは分析対象が楕円体ではないいびつな形で分布していても、その形に従ってフィットしようとする。従来は不可能であった膨大かつ繊細なフィッティング作業が、深層学習により可能になった現在、正規分布当てはめに頼る必要性はかなり薄らいだといえる。深層学習が実行可能な量のデータが貯まっている題材なら、論を待たず深層学習が選ばれるようになっている。

3.8のまとめ

深層学習は、どんな題材に対しても、識別の邪魔になる無駄な多様性を取り除く方法を確立し、大成功した。

3.9 解の個数の爆発とスパースデータの台頭

多様度は、わずかな変化をきっかけに、爆発的に増加することがある。このことが、多様度の見積もりを難しくする一因となっている。

ゲームのテトリスでは、4個の正方形が連結したピースが登場する。ピースの形の種数は7である(**図3.5**)。正方形の個数が増えるに従い、連結してできる形(「ポリオミノ」という)の種数は爆発的に増える。正方形の数が5、6、7、8個と増えるにつれ、形のパターンは18、60、196、704種、生じる。

「8クィーン」というパズルがある。縦8行×横8列の64マスからできているチェス盤に、「8個のクィーンの駒を互いに利きが当たらないように配置さ

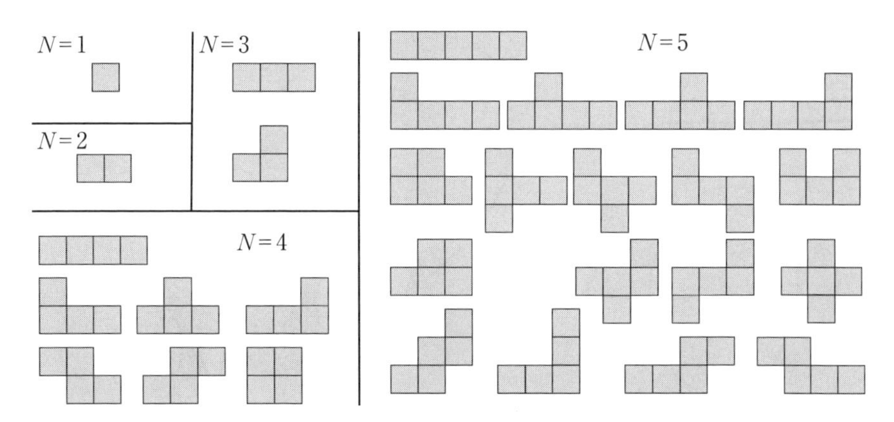

図 3.5　ポリオミノの種数は、要素数 N の増加に応じて爆発的に増える

せられるか」というパズルである。クィーンは、縦・横・斜めの 8 方向に利きがあるので、そこに別のクィーンを置かないようにしなければならない。答えとなる配置は 92 種類ある。このパズルを一般化したものに、N 行 N 列の盤に N 個のクィーンを並べるという **N クィーン問題**がある。この解の個数も N の増加に応じ爆発的に増加することが知られている。大きな N での個数を計算することは容易ではない。

天体の運動では**三体問題**が有名だ。宇宙に 2 つの星しかなければ、それらの星の運動は簡単かつ完全に予測できる(**図 3.6**)。運動の軌道は、楕円、双曲線、放物線の 3 種類しかないとわかっているし、未来の位置と速度も高校で習う方程式の計算で予言できる。さて、星が 3 つ以上ある場合は方程式による完全な予測ができるだろうか。これが三体問題である。答えは……「不可能」である。軌道の候補は 3 種類どころではなく、無数に噴出するからである。

他方、「解の個数は 1 つだとわかっているのだが、解に制約がなさすぎて、解の候補が爆発的に多数現れてしまい、解が何であるのかわからない」という問題も多い。**接吻数問題**とは、「N 次元の空間で、1 つの単位球の周りに、互いに接すれども、めり込まない状態でどれだけ多くの単位球を配置できるか？」という、古くからある数学の問題である。つまり、球をなるべく密に並

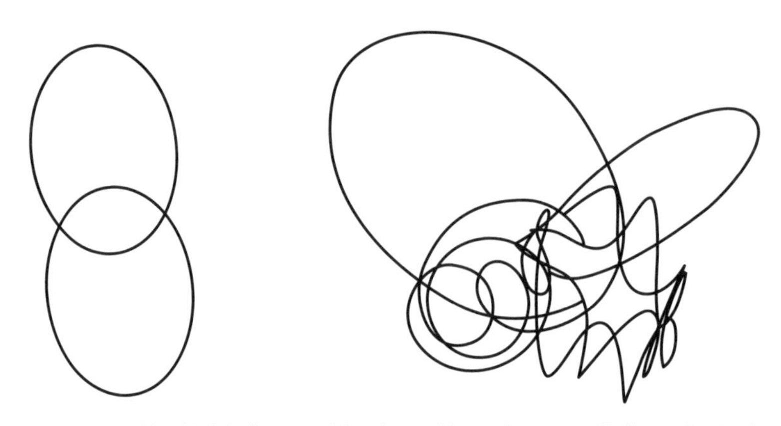

図3.6　2個の天体が描く軌道は単調(左図)、天体が3個になると軌道は不規則に(右図)

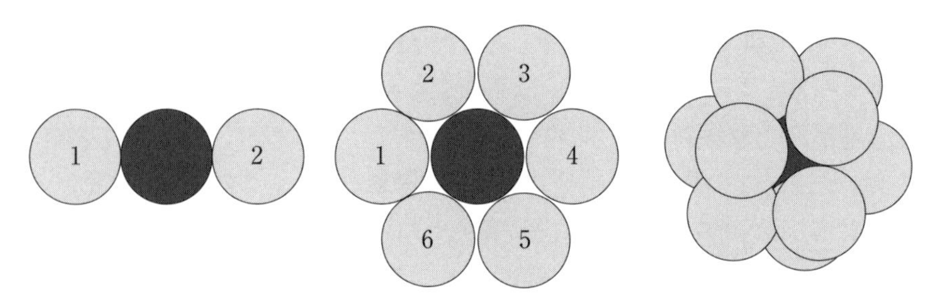

図3.7　接吻数問題(各次元にて、球に隣接できる球の個数の上限を問う)

べる方法を尋ねている。1次元なら、団子の串刺しのように球を並べれば良いことは当たり前で、答えは2個となる(**図3.7**)。2次元なら七曜の家紋のように並べる方式で6個。3次元では、結晶学でいう最密充填構造という案が経験的にわかっていて、答えは12個だと予想はついていたが、これより他にうまいやり方がないと証明できたのは20世紀になってからである。5次元や6次元の場合については未解明である。次元が少しでも増えると、配置方法の自由度が一気に増えて、そのすべてを枚挙することが困難になる。もしかしたら現状案を上回る巧妙なやり方がブラック・スワンとして潜んでいるかもしれない。

このような事例は、一見するとパズルめいて現実離れしたように思えるが、現実的な産業の問題でもある。既存の製品に対して、オプション部品を1つ加えるといった設計変更は珍しくない。だが、わずかな操作のつもりであったのに、それによって商品の種数が爆発的に増えた場合、管理しきれなくなる。

今ではあまり利用されなくなったが、鉄道で他社線に乗り継ぐときのために「連絡切符」が用意されている。乗客は最初に1回だけ切符を買えば、乗り継ぎの度に切符を買う必要がなくなるという便利なものである。しかし、切符自体の種数が増えるので、それだけ管理が面倒くさくなる。2社間の乗り継ぎならば、乗り継ぎ駅の種数も限られており、まだしもシンプルだ。だが、東京都心の複雑な路線となると、3社を乗り継ぐ必要がしばしば起こる。この場合、連絡切符の種数が急激に増える。駅の一般窓口で売られる切符は、昭和の中頃までは、感熱紙ではなく、あらかじめインクで印刷されたものだった。これをストックしていたのだが、置き場スペースの都合で100種類程度が限界で、3社の連絡切符は種数が多くなりすぎてしまうため、用意できなかった。

「種数の爆発がいつ起こるか」は題材によりけりではある。ただ実務での経験則としては、要素の個数が10程度といった比較的小さな段階ですら突然急増し、たちまち手に負えない巨大数に達すると覚悟すべきであろう。「要素を安易に増やすな」とは機械設計の鉄則であるが、その理由の一つはこの種数爆発問題にある。

正規分布の通常の利用では、全体の分布を、中心を全体平均に据えた楕円体に当てはめることになる。しかし、種数が膨大では分布も超高次元空間に散らばってしまう。例えば、顧客の購買情報として「Aさんは今月、X行きの切符を8枚、Y行きの切符を4枚、Z行きの連絡切符を2枚、買った」といったデータを(8, 4, 2, …)という点ベクトルで表すと、切符の種類が膨大であれば、次元数がいたずらに増えてしまう。

ここでBさんは別の切符しか買わないとしたらBさんのデータは(0, 0, 0, …)とゼロが連続する。このようなゼロだらけのデータの状態を「疎(そ)」(スパース、sparse)とよぶ。顧客により買うものがばらばらであれば、次元ばかりが多くて、ゼロだらけの疎なデータになってしまう。とてもではないが、空間が広すぎて、分布は楕円体のような集中したまとまりをなさない。

データ項目の種数が増えれば、疎になるのは必然である。ビッグデータが注目を浴びている現代、現実社会の森羅万象や老若男女を観察するような巨大データは、多岐の項目をもつから、疎になりがちである。この事情からも正規分布にもとづく分析からの脱却が求められる。

3.9のまとめ

現実世界の種数は膨大である。これからの時代、我々が付き合うのは、項目がむやみに多く、そのほとんどが非該当でゼロだらけのスカスカな(スパースな)データである。

3.10　名義尺度が世の中を動かす

理系の世界は何事につけ、データ、とりわけ数字で動いている。定量的なモデルを考え、方程式をしっかり立てるやり方が、理系の理論を形成する常道であり、定性的な議論に留まっていては自然科学としては二流と見なされがちである。この考え方は、ニュートンが『プリンキピア』(**2.1節**(2)脚注3(p.49))で運動方程式を確立して以来、科学革命[15]の基本として尊重されてきた。

だが、最近は風向きが変わってきたように思われる。というのも、数量は窮屈な存在だからである。ここに、2つの飲み物(AとB)があるとする。これを定量的に品評しようとして、例えば塩分濃度のデータを比べてみたところで、あまり役に立たない。数値データが計測できることを評価軸に選んでも、それ

15)　T.クーン(1922～96年)は『科学革命の構造』(1962年)で、「科学者たちはあるパラダイムのもとに通常科学の伝統を開き、その伝統の中で変則性が多く認められるようになると危機が生じ、やがて別のパラダイムによってとって代わられて科学革命が起こる」とした。「つまり異なったパラダイムへの変換・移行が科学革命だとしたのである」(以上、『世界大百科事典』)。

で深い結論が出るとは限らない。「センサーで測れるデータでしか語らない」という街灯効果が露骨に出てしまう。

商品の品評には、「Aは柑橘（かんきつ）の香りがする」とか「Bはとろみがある」「地中海風だ」といった、多様な目のつけどころがある。AとBの個性が大きく違う場合は、着眼点ごとに比較してみると「Aはあるが、Bにはない」といったゼロイチ的な結果が多くなる。「AはBの2倍ある」といった数量での比較は成り立たないことが多い。

ビッグデータでは、データの項目（着眼点）が多様で多数ある。着眼点が多数あるということは、その大半は用をなさず、それぞれのデータ量はゼロになるはずだ。「地中海風」「とろみがある」「大豆風味」といった多数の項目を用意したところで、例えばコーラについて評点をつけると、全部該当しないからゼロ点だらけになる。つまり、ビッグデータは疎なデータになるのだ。

以前、あるレモンジュースが売り切れになるほど人気を博したことがあったが、それは「土臭い香りがする」という好奇心を誘う特徴が決め手であった。これは他のライバルはもっていない特徴である。このような未知のオリジナルな特徴を見つけることに意味がある。既知の項目の点数を高くする努力も大切だが、それだけで新商品は生まれない。

「数値データでの定量的分析」は、実現すれば数学的に扱いが良いが、実際には測れる項目だけ見るという、狭い視野で窮屈な分析をすることになる。

ここで、データの定量／定性の区分について基本を整理しよう。一般に尺度には次の4つのグレードがある。

① 比尺度：データ間の差にも比にも意味がある。例えば、金額である。30円は10円の3倍であり、差は20円といってよい。

② 間隔尺度：データ間の差には意味があるが、比には意味がない。例えば、摂氏温度である。15℃は−5℃より20℃高いとはいえるが、「比は−3倍だ」といったところでそれが何を意味するかは不明確である。

③ 順序尺度：データ間の大小関係はわかるが、それ以外は不明なものである。例えば、金・銀・銅のメダルは順位を表すが、金メダルの成績は

銅メダルの成績よりどれだけ優れているかはわからない。

④ 名義尺度：データの同一性・相違性はわかるが、大小関係や差や比が不明なものである。例えば、「和風」や「洋風」といったラベルの役割を果たすデータである。

従来の常識では、比尺度が数学的に一番高級であり、研究でも追い求めるものであった。しかし、多様性の世界では、「個性が問題であり名義尺度が一番尊い」という逆転現象がしばしば起こる。オリジナルな名義尺度を発掘し、創造することが、多様な商品が溢れかえるマーケットで生き残るための基本戦略となる。

次に価値があるのが順序尺度である。顧客がいろいろな商品を見比べて、それぞれに定量的な点数をつけると、結局買うのは一番高い点数をつけた商品だけになる。つまり、点数の差や比には実用上の意味はなく、大小関係さえわかればよい。人間による商品評価は主観的で移り気なものなので、点数づけさせても、その値の再現性はあやしいが、「ビールとウィスキーを比べて、どちらがより好きか？」という質問なら回答はぶれにくい。よって、順序尺度のデータは安定していて信用できるのである。

こう考えてみると、定量データが活躍する方程式型「数学モデル」は、それほどありがたみがなくなりつつあるといえる。ましてや、「詳細が不明だから安直に正規分布を当てはめる」という態度では、真理を掘り起こせないだろう。

3.10 のまとめ

データは、値よりも、種や順位に重い価値がある。

3.11 巨大な図書館―希少例は希少なまま呼び出せ

多様度の高い対象を扱う場合、モデル化の必要性は小さい。多種多様な商品がある服について、「男性の3割は青い服を買う」といった法則めいた知識を出されたところで、大して役に立たない。従来のモデルとは、言うなれば「例外や偶然の成分を取り除いて、なるべく少ない説明変数で、代表的な値や大勢の傾向を予測できるようにした命題」であるが、この発想は本質的に多様性や希少性を嫌っている。

多様性を扱うには、モデルの観念を大きく刷新する必要がある。その要点は次のようになる。

- 平均や標準偏差という代表値を当てにしない。これら代表値にもとづく確率分布関数の当てはめは、有効な場合があるにせよ、それだけで満足しない。
- 希少性のあるサンプルやブラック・スワンは、「例外」や「雑音」、「外れ値」ではなく、価値の高いサンプルとして重視する。平均を計算すると希少性が埋没してしまうので、平均を用いる分析手法は忌避(きひ)する。
- 超高次元のデータを前提とする。データの項目が多いのであるから、次元が高くて当然である。超高次元であることに意味がある。統計技術による次元の圧縮は、従来はデータの整理法として当然であったが、現在は不要であるし有害ですらある。
- 受動的な大量計測を前提とする。従来は、自覚的に計測しようとして取得したデータしか存在しなかった。現在は、無数のセンサーが至る所で常に計測をしており、測りたくもないデータが大量に手に入る。それらは一見すると何の事件性もないつまらないデータである。つまらないデータは、量が多い。下手に昔ながらの分析手法を適用すると、つまらないデータが多数派を握ってしまい、意味のある結論は得られない。そのため、つまらないデータにかすかに潜む価値のある情報を掘り起こすための、データマイニングの姿勢が重要である。
- 検索によって答えを出す。方程式の解は答えではない。例えば、服を推薦するときには「今売れている服の平均」ではなく、個別の顧客ごとに最も好む個別の服の事例を探し出すべきである。

膨大なデータの集まりを方程式型のモデルに加工するのではなく、少数派を切り捨てることなくそのまま保持し、検索によって情報を取り出すことが重要である。この格好の具体例は、インターネットである。インターネット上の情報は、おのおのばらばらに管理されており、誰かが代表者となって目録を作ったり、分類しているわけではない。未加工の状態のまま、検索技術によって情報を最大限引き出せているのである。

インターネット上を検索するユーザは、平均的な情報ではなく、一番とがった情報を探している。調べものについて、ありがちな説明をするサイトは見たくはない。「最も詳しいサイト」「他にない情報をもったサイト」「変わった視点から説明するサイト」など、平均から外れたサイトが役に立つのである。

インターネット検索より優れた情報源は、巨大な図書館である。インターネット検索には、「検索にかけるキーワードを知らなければ情報を得られない」という本質的な限界がある。その点、図書館では、本棚の前を通りかかったときにたまたま目に入った書籍に興味をもてば、キーワードなしで全く未知の世界を知ることができる。キーワードすら見当がつかない初学者にとっては、図書館が最良の指南役となる。

知識を広げるには、書籍は多様で希少であるほど良い。個々の希少な情報を、平均値や要約などで潰そうとせずに保護し、コレクションすることが、情報貯蔵機関としての図書館の役割である。

「平均値に価値がある」という従来型の分析のモットーとは正反対に、「希少値・外れ値に意味がある」が、多様性の世界のモットーである。

3.11 のまとめ

多数派データに驚きの事件はない。稀な事象に目を向けよう。

第2部

多様性工学の用途

多様性の分析と利用の方法を、具体的な事例に沿って見ていこう。

多様な事柄を計測したデータは、しばしば大量かつ超高次元である。例えば、文書データに含まれる単語を分析しようものなら、それだけで語彙の数という超高次元のデータができてしまう。さらに、ビッグデータの時代となった今、データの量は増える一方だ。そのため、やっかいな大量かつ超高次元なデータには、「無駄なものは捨て、大事な部分だけを可視化する」という独特の処理が必要となる。

第4章
多様性の分析

分析とは、データから知識を取り出すことである。多様性の分析では、「データがどのように多様であるか」に焦点を当てて、分布の状態や法則性、そして特異なサンプルを見つけ出すことが目的となる。

従来から、高次元で大量なデータを分析する統計技法は多変量解析を通じて存在してきた。しかし、かつては高次元のデータが大量にあるというだけであった。現在のインターネットは、それをはるかに超える量と多様性のあるデータを、誰にでもほぼ無料で提供している。そのため、今後は分析に対する考え方も大きく変えていく必要がある。

4.1　分析技法の概況

(1)　データ採取の考え方の変遷

まず、データの採取・収集の従来的な考え方を説明しよう。分析は、データの採取から始まる。調査対象の全体を母集団(population)という。全体を集め全部計ることは通常は難しいから、母集団の一部だけを選んで計測する。選ばれた部分集合を標本(sample)といい、選ぶことを標本抽出(sampling)という。

従来的な分析においては、標本抽出では無作為抽出や層化抽出などの定石を使う(表4.1)。これは偏った標本をつかまないようにするための対策である。例えば、日本人の特徴を調査するつもりで、抽出した標本の中にある個体のすべてが落語家だった場合、標本を統計処理して「日本人の職業は落語家が100%を占める」という間違った結論が導かれて不都合である。偏りは間違った結論を生む。そうならないように、なるべくランダムに人を選んだり、職業

表 4.1　データの採取方法と変遷

新旧	方法	内容
従来的発想	無作為抽出	母集団のなかから、ランダムに個体を抜き打ちで取り出す。ランダムなのは、母集団の特徴をより偏りを少なくして反映させるための工夫である。
	層化抽出	母集団を特徴に応じていくつかのグループに分け、グループごとに一定数の代表を無作為抽出で選ぶ。例えば、男女同数になるように選び、性別が偏らないようにする。偏りをさらに減らす工夫である。
ビッグデータ的発想	トップ現象の観測	SNS のトレンドワードなど、何らかの尺度で最大値を出している個体だけを観察する。
	検索による観測	特定の検索語をもつデータを集め、観測する。
	出来事をきっかけとする観測	特定の出来事が起きた事例のみを観測する。例えば、商店にて、ある商品を買った人についてはレジにてその購買行動を観測できるが、商品棚を前に買うのをためらって結局買わなかった人については計測できない。新種の生物も、発見という出来事がなければ観測することができない。街灯効果の一面がある。
	目的を限定しない常時無制限観測	最近の防犯カメラのように、常に観測し、記録を消さない。Google ストリートビューのように、どんなにマイナーな物件でも計測する。

のバランスを考慮して選ぶという対策をとる。

しかし今日、従来型の段取りでデータを集めることは、有利でも合理的でもなくなってきている。偏りが元凶になるとは限らず、利点となるかもしれない。というのも、下記の傾向が強まっているからだ。

- インターネット上には、圧倒的な量のデータ（ビッグデータ）があり、無料で取得できる。Google のストリートビューなど、もはや普通の企業や大学のレベルでは太刀打ちできない、質と量を備えている。標本抽出なしで、母集団そのものを手に入れることができる。データが大量でも、分析や検索ができるので、そもそも母集団を標本集団に絞る必要がない。
- 自然にデータが湧いてくる。人々の、発言や購買行動、移動、写真撮影などのデータが大量にかつ自動で集まってくる。街頭の防犯カメラやドライブレコーダー、人工衛星画像なども、森羅万象を常時撮影している。こうして集まったデータは消す必要もないので溜まる一方である。

- ビッグデータから標本を集めるには、たいていは何らかのキーワード検索で抽出する。例えば「落語家」で検索すれば、落語家の集団のデータが簡単に得られる。あるいは何らかの非常に特徴的な出来事を起こした個体が検索対象となる。SNS でトレンド 1 位になった発言のデータや、店で商品を買った客のレジでの購買データは、出来事が発見の引き金になるので採取しやすい。その結果、手にする標本は特異な特徴をもったものだけの集まりという、極めて偏ったものになる。逆に、「東京都民から無作為抽出で 100 人分」や「平均的な SNS のつぶやき」、「店の前を通り過ぎた大勢の人々」という漠然とした抽出基準ではデータを集めにくい。
- 標本が包含する多様性(個々のサンプルの個性)に、価値がある。集団の平均的な特徴には意味がない。「東京で一番美味(おい)しいラーメン店はどこか？」や「レモンが最も多く入ったラーメンはどこで食べられるか？」を知りたい。一方で、「東京のラーメンを平均した味」のような情報は知っても使い道がないし、不味(まず)いかもしれない。個性を平均で捉えてはいけない。
- 計測技術が発達し、データの項目が多くなった。また、得られるデータは超高次元になる。しかし、無作為抽出で超高次元を偏りなくカバーする標本を集めることは、次元の呪いのため事実上不可能である。例えば、人間の特徴として「鎌倉在住」「バイクが趣味」「牡牛座」「クロアチア国籍」といった項目は SNS の書き込みを調べれば計測できる。しかし、これらの項目がまんべんなく散らばった個体を集めるには膨大な人数が必要となるし、人類の総人口も有限だからそのような人間は存在しないかもしれない。

つまり、ビッグデータ時代のデータ活用法は「従来型のような標本を、作らず、限定せず、相手にせず」という発想になる。

(2) 主な分析技法とその長短

多数で多次元、多様なデータを扱うための分析技法として主なものを表4.2にまとめた。

大まかに言えば、従来的なものは標本の全体的傾向を調べることに向き、最近の方法は特異な個体を探すことに向いている。両者をうまく使い分けて分析することが望ましい。

分析ソフトウェアは、無料で入手できるもの(R や Gnu Octave、

表4.2 多数のデータを観察し分析するための主な技法

趣旨	分析技法	目的	特徴
データ観察	散布図行列	2つの次元のペアすべてについて、分布を可視化する。	最も簡素だが、複合的な関係を見逃しやすい。
冗長な次元を圧縮する	主成分分析	高次元のデータの全体的な分布をわかりやすくする。	かなり簡素。複雑な分布には不向き。弱い成分を無視する害がある。
	因子分析	高次元のデータの成り立ちを、少数の変数で近似的に説明する。	簡素。極端な外れ値観測事例が結果を乱す。
	多次元尺度法	観測事例間の類似度を表す低次元の分布図を作る。	弱い成分も反映されやすい。図の解釈には若干の専門知識が必要となる。
冗長な次元を圧縮し、典型例を知る	k-mean 法、ベクトル量子化	類似する観測事例同士を同じ集団(「クラスタ」)にまとめる。	認識工学でよく使われる。
冗長な次元を圧縮し、鍵となる特徴量を見抜く	深層学習	どのような形態のデータであっても、他者との見分けに重要な部分とそれ以外を自動で検出する。	認識工学での性能は抜群だが、大量のデータが必要となる。
観測事例の分布を類似度の階層構造で把握する	樹形図	観測事例間の類似度を、階層関係を伴って表す。樹形図を作る。	集団内の共通性や派閥の傾向を可視化する。

TensorFlow、Gephi、KH Coder など）と、有料のもの（MATLAB など）がある。無料のものは、ユーザ数が多く、そのコミュニティから有用な機能拡張が次々と提供されるので、無料とはいえレベルは高い[1)]。圧倒的にユーザが多いものは、分析ソフトウェアとしてデファクトスタンダードの地位すらもっている。しかし、初心者には操作方法が難しいかもしれない。

多種多様なソフトウェアが手に入る今、やってはいけないことは、自分にとって都合のよい結論が出るまで、分析技法を取っかえ引っかえすることである。これは、分析の技法が変わると分析結果に若干の差が出る特徴を悪用した不正である。スポーツで自分をひいきしてくれる審判員が現れるまで取り替えるのと同じようなやり方なのである。

しかし、現実として分析技法の種類は膨大にあるし、試したが都合の悪かった分析技法の存在は論文には書かなくてよいから、いくらでも取替えができる。この悪習の結果、学者自身の願望が結論となった論文が量産されている。今日、科学論文のある程度の割合について「他人が同じ実験をしても再現できない（事実か疑わしい主張を書いている）こと」が問題となっている。この原因の一端が、数多くある分析技法から都合のよいものを選んでも許される状況にある。

4.1 のまとめ

全体の動向を追うか、それとも個性を追うか、統計分析には２通りある。

1) 例えば、R は The Comprehensive R Archive Network（CRAN）提供の統計計算と画像出力用のフリーソフト（http://cran.r-project.org/）である。「世界中の R ユーザーが、作成したパッケージを CRAN で公開しており、これらは自由に使用できる。CRAN は R 資産の知識共有メカニズムとも言え、CRAN によって R 言語の機能は日々強化されている。R 言語本体のみでも機能は潤沢だが、第一線ユーザー達の実務経験が反映した豊富なパッケージ群は大きな助力となりうる。」（統計科学研究所：「R 言語とは」（https://statistics.co.jp/reference/software_R/software_R.html））

4.2 標本全体についてデータの相関関係を調べる技法

(1) データの下見―散布図行列

多様な分析対象の例として、プロ野球チームのシーズン成績を挙げてみよう。架空のデータではあるが、**表4.3**に示す「勝利」「打率」「二塁打」「三塁打」「本塁打」「押出得点」「得点」「盗塁」「防御率」「奪三振」「セーブ」「完封勝」「完投」「失点」の、14項目のデータがあるとする。

これら数字の羅列だけを見て、「勝つチームの特徴は○○だ」とすぐに見抜くことはできない。そのためにはまず、何らかの傾向を発見する必要がある。そのためには、視覚に訴えるようグラフ化するのが正攻法である。しかし、14次元のデータは、2次元の紙上に表現できない。

高次元のデータを2次元(紙上)に落とし込むため、統計手法を使い、無駄な次元を捨てて、重要な情報だけを濃縮したい。しかし、「情報の取捨選択にどの方法を使うのが最善であるか」は一度データを視覚化しなければ判断できない。そこで、データ項目のペアを総当たりで散布図である「散布図行列」(scatter plot matrix)を描いて観察する(**図4.1**、**図4.2**)。

「散布図行列」にある2つのデータ項目の散布図のなかに、人間の目だと「両者にはいかにも関係なり法則性がありそう」と思えても、統計手法によってはそれがわからない場合がある。というのも、2つのデータの関係の強さを積率相関係数(しばしば単に「相関係数」とよばれる)で測る評価の事例が非常に多いからである。

データを視覚化して下見するための要点は下記のとおりである。

- 散布図行列を作ってみて、データが全体として、一つの直線状(や細長い楕円状)に分布している部分は、積率相関係数にもとづく分析方法が有効である。その代表は主成分分析である。
- それ以外の形の分布、例えば**図4.3**に示すような曲線的な分布や、分散にかかわる法則性があるものは、積率相関係数では関係の存在を見抜けず、関係なしと誤答しがちである。「一つの直線・楕円として捉えるこ

表 4.3 架空の野球 12 球団の成績

チーム	勝利	得点	打率	二塁打	三塁打	本塁打	押出得点	盗塁	失点	防御率	奪三振	セーブ	完封勝	完投
A	79	756	0.272	231	28	176	577	134	695	4.35	872	40	10	4
B	78	662	0.262	222	18	182	479	81	573	3.78	1140	34	7	2
C	77	579	0.251	170	16	186	396	115	565	3.65	1157	50	15	1
D	72	613	0.244	193	25	138	470	50	578	3.73	1084	39	4	4
E	72	594	0.242	208	16	161	436	37	613	3.92	1172	28	15	9
F	71	588	0.252	213	16	139	451	81	602	3.69	1070	25	17	12
G	70	640	0.256	212	19	159	482	77	613	3.88	1112	30	9	5
H	68	536	0.251	219	23	96	444	98	569	3.47	1134	37	13	6
I	67	562	0.257	239	29	88	470	65	547	3.71	1087	36	9	3
J	64	562	0.256	208	25	95	469	51	588	3.74	1047	38	14	1
K	60	546	0.238	184	23	105	443	123	638	4.06	1095	38	9	7
L	58	656	0.238	205	22	168	490	59	742	4.80	1069	29	5	6

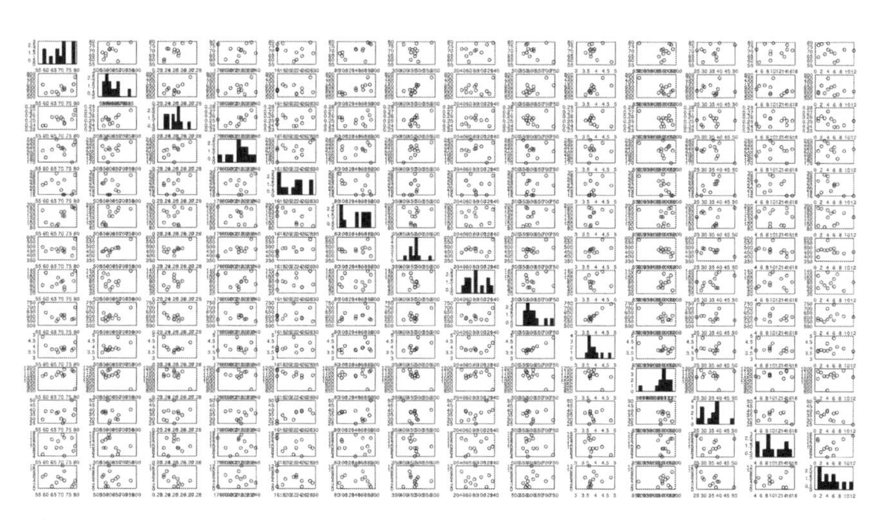

注） 2つの項目の間に相関関係があるかを一覧して調べる（Gnu Octave の plotmatrix 関数で作図）。

図 4.1 野球データ（表 4.3）の散布図行列

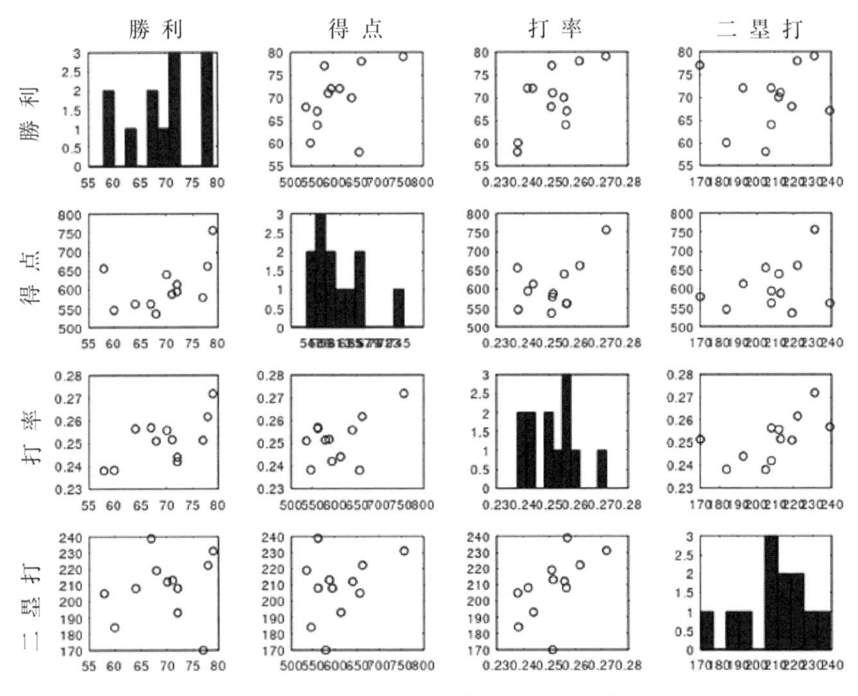

注）　例えば、得点と打率との散布図は比較的直線状であり、両者に強い正の相関があることが見てとれる。

図4.2　散布図行列（図4.1）の一部を拡大したもの

と」自体に無理があるので、分布をいくつかの集団（クラスタ）に分割したり、着眼点を変える操作が必要となる。このときにクラスタ分析や深層学習などの方法を選ぶことになる。

(2)　主成分分析―分布の全体をカバーするモデルでの基本手法

散布図行列は、何しろ図の数が多いので、それらを見て、データに潜む何かの法則を見抜くことは難しい。だが、慎重に見てみると図の意味が重複していて、図を割愛できるチャンスに気づくことがしばしばある。例えば、「勝利数が増えるとき、得点も増える」「得点が増えるとき、打率も増える」「打率が増

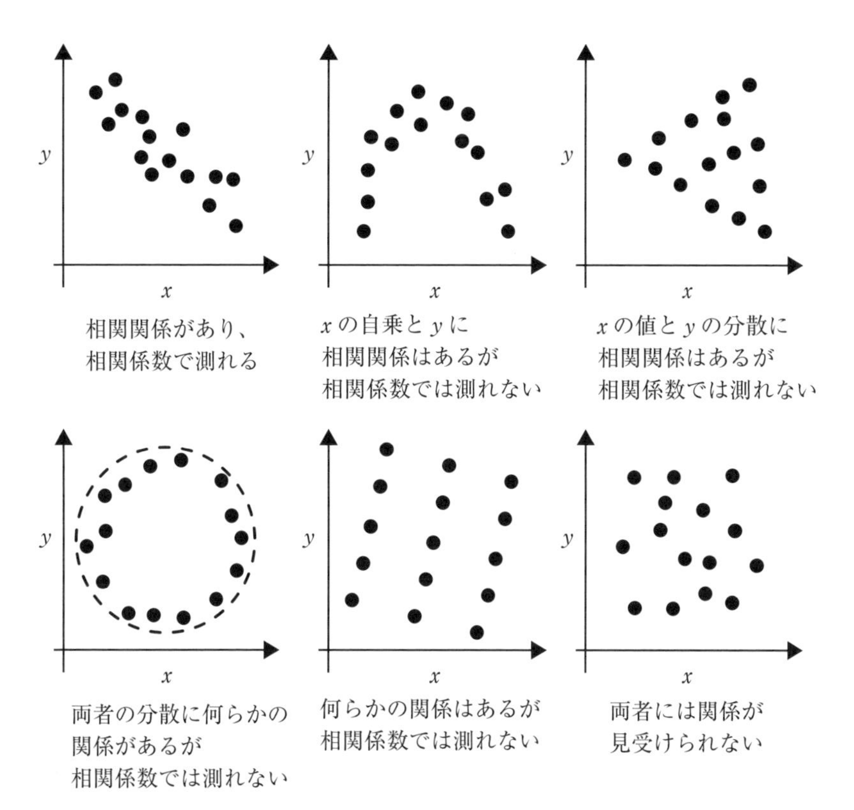

図 4.3　相関係数は万能ではない（相関関係は散布図の状況を見なければわからない）

えるとき、勝利数も増える」という 3 つの散布図から、「これらは要するに勝利数と得点と打率は増減をともにする集団だ」とわかる。だとすれば、冗長にグラフを 3 枚使わずとも、もっと簡潔に傾向を言い表せそうである。

一方、全体の動きを捉えるうえで大事な部分をクローズアップしたい。**表 4.3** ではデータは 14 項目あるので、そのイメージは**図 4.4** のような 14 次元に 12 球団のデータの点が分布するものになる。**図 4.4** では、膨らんで分布をしている方向もあれば、ペシャンコにつぶれている方向もある。例えば、勝利数・得点・打率の 3 つ組は増減をともにするから、その 3 者の間では一直線上に 12 球団が分布している。こうした膨らみと潰れの方向を捉えることが、項目

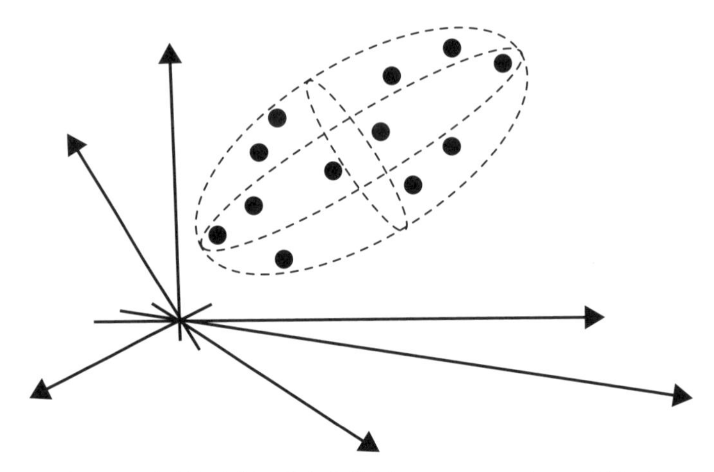

図 4.4　主成分分析は分布を楕円体にフィットさせて捉える

同士の相関関係を把握する基本的な方法となる。これが**主成分分析**である。

方向探しの数学的手続きは、ラグビーボールのような形(**楕円体**という)を考えて、分布に最もフィットする形と向きを算出することに他ならない。このようにいうと複雑な計算になりそうだが、基本形の主成分分析では、楕円体の軸の方向はもともとのデータにおける行列の固有ベクトルであり、軸の長短は固有値である。これらは数学的には基礎的な計算で求まってしまう。

データ全体の分布を一番わかりやすく見えるようにするには、楕円体の最も長い軸と、2番目に長い軸とが、よく見えるような方向から楕円体を見ればよい。つまり、この2つの軸を横軸と縦軸にした平面図を描けばよく、標本が一番ばらけた形で分布して見える。他の方向から眺めてしまうと、個体が密集した団子状態になってしまい、分布の主な傾向があまり明瞭には見えない。

球団のデータでの主成分分析の結果が**図 4.5** の主成分得点図である。主成分分析の結果、共分散行列にて固有値が最も大きい固有ベクトル(楕円体の最も長い軸)を主成分得点図での横軸、2番目に大きい固有値の固有ベクトルを主成分得点図での縦軸に充てている。それぞれ第1主成分、第2主成分とよぶ。この方向になるよう楕円体を回転させ、12球団の点を配置したものが**図 4.5** で

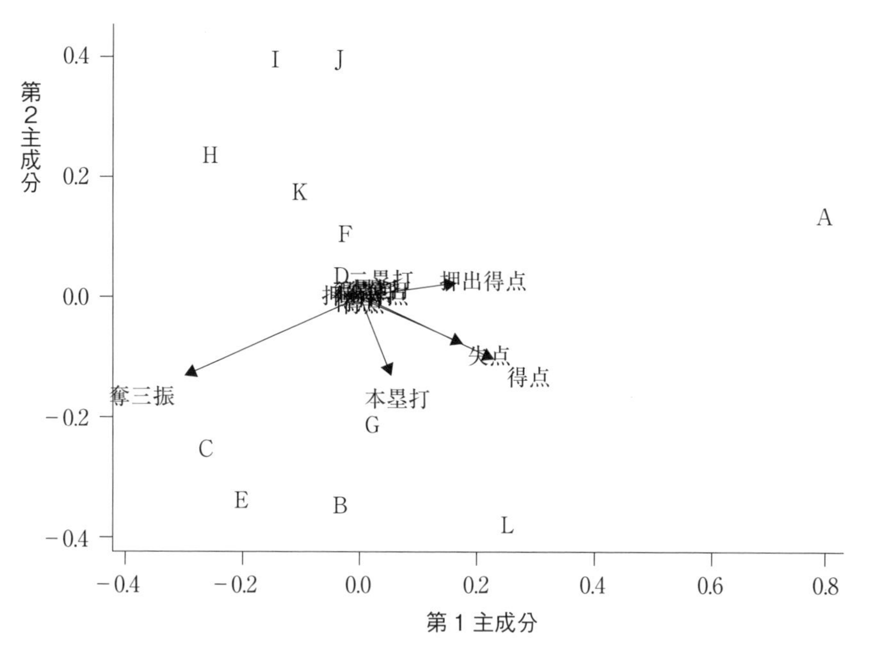

注）Rのbiplot関数で作図。第1主成分が大きいと得点と失点が多く、小さいと奪三振が多い。つまり、グラフ右側に打撃戦が多いチームが配置されたといえる。第2主成分が小さくなる（グラフ下側にいく）と本塁打が多く、一発攻勢型のチームを意味する。

図4.5　主成分分析の結果（主成分得点図）

ある[2)]。

第1主成分と、もともとの14項目の関係を見ると、「得失点が多いと第1主成分は多くなり、奪三振が多いと第1主成分は少なくなる」という相関関係が見つかった。つまり、主成分得点図は「右側に配置された球団は打撃戦が多く、左側の球団は投手戦が多いこと」を表している。「打撃戦型か投手戦型か」が第1主成分なので、「この特徴が12球団の違いを語るうえで最も大きな影響をもつ特徴だ」と分析は語っている。

第2主成分は、本塁打数が多いと減る。つまり、「攻撃が一発攻勢型か、あ

2）ベクトルは高校2年程度で学習する。もし理解できなければ、『行列とベクトルのはなし【改訂版】』（大村平、日科技連出版社、2015年）など、他書を参照。

るいはつなぐ攻撃型か」が、2番目に大きな球団の特徴を表す。

「主成分得点図上で、近くに配置された球団同士は、特徴が似通っている」といえる。配置の距離関係から、多数の個体の相互関係を調べることができる。

(3)　多次元尺度法―マイナーな成分の救済

紙面が2次元であるという制約上、主成分分析の結果のうち、第1と第2の主成分しかグラフに描かなかった。

トップ2の主成分に比べれば影響力は小さくなるが、第3、第4と主成分は他にも存在している。題材によっては、第3以下でも大きな影響力(つまり固有値)をもっていて、第1と第2だけでは全体像を十分にカバーできないことがある。不便なことに、主成分得点図では、軸に選ばれていない主成分が完全に潰れてしまう最悪の方向から見ているので、マイナーな成分は全く様子がつかめない。

マイナーな成分も拾い上げてグラフに描く方法として、多次元尺度法がよく使われる。今の例では、球団を2つ選んで、そのデータがどれだけ違いがあるかを計算できる。

多次元尺度法では、データ同士の差や違いを**距離**とよぶ。距離の定義には工夫が必要である。データそのままの値を引き算して、差の絶対値を距離とする単純な作戦がまず思い浮かぶが、多次元のデータでは不適切になることが多い。というのも、2桁にもなる勝利数と、理論的に1を超えられない打率とでは、縮尺が全く違うから、差の値を同じに扱うことは乱暴だからである。縮尺の問題があるときは、それを補正する**マハラノビス汎距離**が標準的に使われる。

また、**コサイン類似度**という指標を使う場合もある。例えば、Xさんはモスクワに100回行ったことがある。Yさんは10回、Zさんは0回行ったことがあるとしよう。Yに似ているのは、XとZのどちらであろうか。差でいえばYとXとは90もあり、YとZとは10に過ぎないので、ZがYに似ているとなる。しかし常識的に考えれば、XとYはモスクワにやたらと通っている点で似ており、Zは仲間はずれとすべきだろう。このように、データの値の大き

人	訪問回数		コサイン類似度		
	モスクワ	香港	対田中	対鈴木	対山本
田中	7	1	－	0.50	0.26
鈴木	2	5	0.50	－	0.97
山本	1	8	0.26	0.97	－

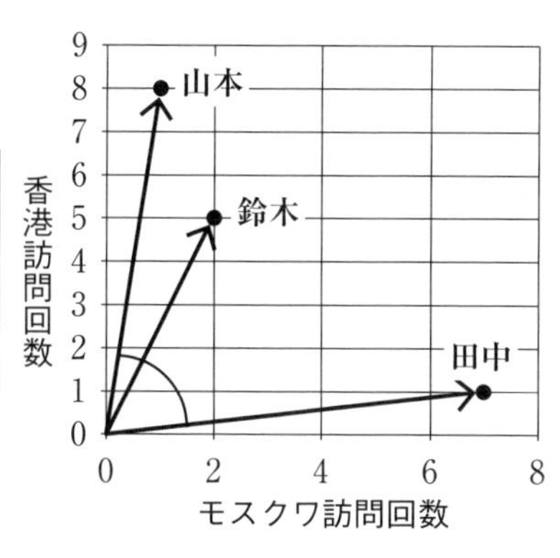

図 4.6　コサイン類似度の計算例（3 人の訪問傾向の類似度を配分比率の近さで評価している）

第2部　多様性工学の用途

さにまどわされず、データの方向性で類似度を測るべき題材も多い。

方向性のそろいの度合いは、データベクトル同士で内積を計算し、縮尺を整えるためにベクトルの長さで割ることで算定できる（**図 4.6**）。すなわち、2つのベクトル $\vec{a}$、$\vec{b}$ のコサイン類似度は $\vec{a}\cdot\vec{b}/(|\vec{a}|\cdot|\vec{b}|)$ である。この値は、方向のずれについて角度のコサインの値になっている。コサイン類似度を距離として使う場合には、値の大小を逆転させるため、コサイン逆関数でずれの角度に直したり、1 からコサイン類似度を引いた値などを使う。

さて、ここでは 12 球団のすべてのペアについて距離をマハラノビス汎距離で計算する。ペア同士をバネでつなぐことを想像してみよう。12 球団が総計 66 本のバネで結びついており、バネは各々長さが違っていて、その自然長はペアの距離になっているものとする。この物体を押しつぶし、無理やり 2 次元平面に収めると、なかには無理に伸び縮みさせられて、自然長から大きく外れるバネも出てくる。しかし、全体としてはバネの歪みがなるべく小さくなり、もとの自然長に近い長さを維持するように圧縮は進む。こうすれば、「球団同士の距離がそこそこ維持された図になる」と期待できる。これが多次元尺度法で、実際に作図すると**図 4.7** のようになる。主成分得点図（**図 4.5**）と大枠は似ているが、小さな部分では配置が違う。これが、第 3 以下の主成分に当たる部

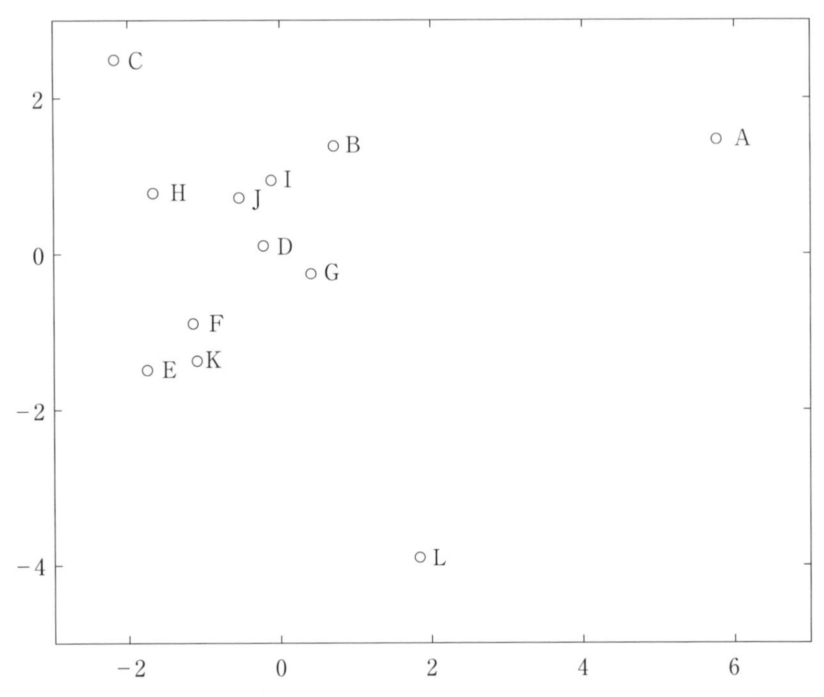

図 4.7 多次元尺度の分析結果(Gnu Octave の cmdscale 関数で作図)

分を反映している。

本節の例では球団 A、B、C は勝利数が特に多いトップ集団であったが、**図 4.7** ではそれらがそろって図の上方に押し出されている。主成分得点図(**図 4.5**)では、A、B、C の配置の共通性はあまりなく、ぐちゃぐちゃしていた。本節の例では、多次元尺度法は強い球団を抽出するという点では良い結果が得られている。

その一方で、図の上下左右の方向については、主成分得点図では一貫した意味があったのに、多次元尺度法ではそれが犠牲になってしまい明解な意味がとれなくなっている。つまり、「球団 I は J より右だから○○だ」などとはいえない。あくまで、「近いものは似ている」という意味しかないのである。

こうした欠点はあるものの、多次元尺度法は人気のある分析技法である。データ項目数を多く測る調査では、第三、第四主成分であっても、無視できない情報が潜むことが多い。これらを可視化するには多次元尺度法が便利である。

また、多次元尺度法は、点を初期位置から徐々に適切な位置へとずらしていくが、初期位置によっては結果が変わり得る。つまり、データが同じでも分析結果が一致しないことがあり得る。そのため、計算時間はかかるが、「初期配置をランダムで何パターンか用意し、最終的にバネのひずみエネルギーが一番小さくできたものを最良の結果として選ぶ」という方法もとられる。

(4) 因子分析—因果関係の可視化

データ分析の実務では「強いチームにする(勝利数を増やす)には、どの項目を高めるべきか」といった因果関係を分析することが目的となる。

主成分分析では、「ある項目と別の項目が連動している」ということはわかるが、因果関係については分析しない。「勝利数と正の相関がある項目を増やせばよい」という単純な答えはわかるが、それでは粗い指針にしかならない。

因果関係を細かく分析する手法としては、因子分析やベイジアンネットワークが常用される。

因子分析は、「因子という直接は計測できないものがあって、それが各データ項目に相関している」というモデルを立て、計測したデータに当てはめてみる手法である。例えば、数学の成績が良い人は、理科の成績も良いだろう。2つの教科は理系であり共通点が多いからだ。しかし、「理系」そのもののテストはなく、成績は測れない。あくまで個々の教科から推定するしかない。

球団のデータに因子分析を当てはめてみよう。因子分析は、主成分分析と違って、設定しなければならないことが多い。設定の仕方は細かい話になるので、本書では概要のみ触れる。この際、球団が12しかないのに、データ項目が14と多くサンプルサイズ不足で因子分析が適用不可能だったので、不要なデータ項目を3個削除した。また、因子数を2と仮定して、プロマックス斜交回転[3)]をかけて因子と係数を見やすくした(**図4.8**)。

細かく設定をするのが面倒ならば、「因子分析はせず主成分分析を選ぶ」と

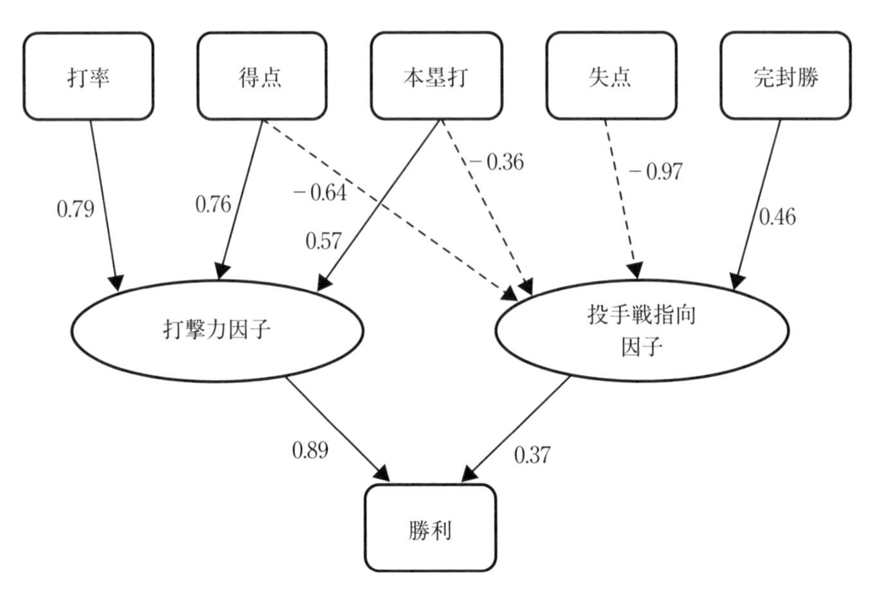

注）実線の矢印は正の影響、破線の矢印は負の影響を表す。数字は影響力の強さを示す係数である。

図 4.8　因子分析のパス図

いうポリシーが実践的であろう。主成分分析と因子分析はそれぞれ別のモデルに当てはめるので分析の結論は異なるのであるが、どちらも「元のデータの全体を線形の式で説明しようとする」という発想が同じなので、そこそこ似た結果になることが実際には多い。

図 4.8 は潜在的な因子と、計測できるデータ項目との間にある関係を、パス図という因果関係をわかりやすくした図である。今は因子が2つあると仮定している。因子はその意味内容を考えて適当な名前をつける。この場合は、打率

3）「因子分析で得られた結果が解釈しやすい構造となるよう、新しい座標系を設定すること」を「因子の回転」という。回転後の座標軸が直交する直交回転と、回転後の座標軸が直交しない斜交回転とがある。因子の解釈を容易にする目的から、近年では斜交回転が一般的に利用されている（斜交回転は直交回転よりも解釈しやすい結果を与えることが多い）。プロマックス法は因子分析における代表的な斜交回転法である（日経リサーチ：「調査・統計用語集―プロマックス回転」(https://www.nikkei-r.co.jp/glossary/id=1656)）。

に深く関わる因子を「打撃力因子」とし、得失点の少なさを表す因子を「投手戦指向因子」と名前をつけることにした。パス図は、因子分析を知らない人であっても何となく意味はわかる。つまり、「勝利数を増やすには、係数が大きい打撃力因子が一番大事であり、打撃力因子を増やすには打率と得点、本塁打が伸びればよい」とわかる。

4.2 のまとめ

全体をグループ分けせずに観察するなら、散布図行列から主成分分析が普通の流れ。

4.3 標本をクラスタに分割する発想

すべての個体の分布を一網打尽に、楕円体などのモデルをフィットさせて分析する方法を紹介してきたが、これらが優秀であるとは限らない。観測対象である個体の集団をグループ(「クラスタ」という)に分けてから分析するほうが有利な場合がある。その技法について説明しよう。

(1) クラスタ分析の使いどき

「すべての個体が1種類の分布に従う」という仮定が成り立つのは、そもそも例外的である。この仮定は、「実験条件を同じにする(均質性の保持のために作為的な統制をかけて)計測したデータ」ならば成り立つが、これが当てはまるのは理系の実験室で行う実験ぐらいなものだろう。現実社会の物事を計測したデータは、その成り立ちからして千差万別である。成り立ちがそもそも異なる個体は別のクラスタに分けて、独立して取り扱うほうがよい。バッハ(1685～1750年)とモーツァルト(1719～87年)の差を論じるモデルに、演歌[4)]の分布も説明させようとするのは無理である。

「データをクラスタに分けるべきか否か」を判断する際、数値計算による自動的な判定法もあるが、人間の目でデータ散布図を観察することが、実用的には最も有効といえる。というのも、**図 4.3** のように、データ間の関係は多種多様であり、そのすべてを数式で捉えることは難しいからだ。例外として、「データ数が膨大である場合に限っては、深層学習のゴリ押しで自動で判定する」という作戦も可能になるが、一般的ではない。

データ全体の分布状況を、一番見やすい方向から散布図を描いて観察するために、主成分分析にかける。主成分得点図を見たところ、**図 4.9** ①のように全部が1つの団子状態になっていたら、きれいにクラスタに分類できないので、クラスタ分析は試すだけ無駄といえる。特に、団子の中心部の密度が高いという一極集中型なら、それをあえて分割して別クラスタと見なす試みは意味的にも不当といえる。

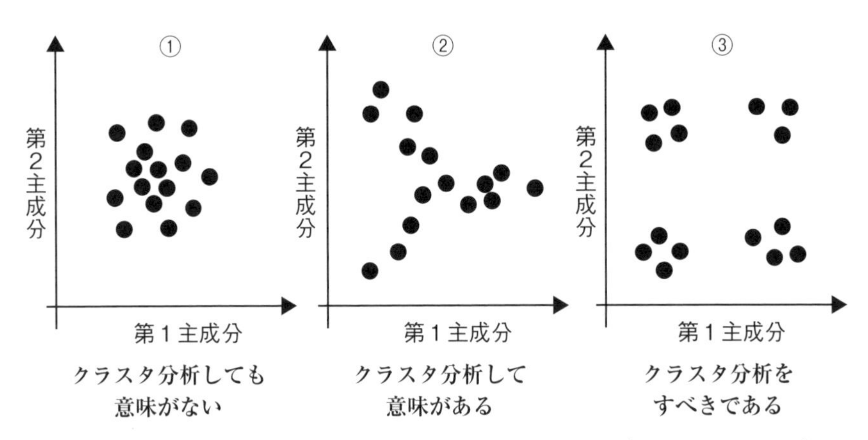

図 4.9 そもそもクラスタに分かれていないものはクラスタ分析に不向き。まず主成分得点図で確認する。

4) 「日本の民衆歌謡の一種。時代とともに定義は揺れ動くが、1890 年代以降、流行歌(はやりうた)の一部につけられた名称。…(中略)…70 年代におけるニューミュージックの台頭により、〈ヨナ抜き音階〉により、〈こぶし〉をきかせ切々と歌い上げられる従来の歌謡曲は大半が〈演歌〉と呼ばれだした。」(『世界大百科事典』)

図 4.9 ②は、三つ叉ながらも全体が一つなぎになっていて、クラスタにはっきり分かれているとはいえない。だが、近似曲線や楕円体を当てはめるといったデータ全体を一本の筋に見立てる手法を使うと、フィッティングが悪く、ぼやけた結果が出てしまう。このような場合は三つ叉を3つのクラスタに分けて分析するほうが簡単であるし、よい分析結果が得られる。

図 4.9 ③のように、密度の高い箇所がいくつか分かれているならば、クラスタ分析をするべきといえる。

(2)　クラスタ分析の仕組み

クラスタ分析の代表的手法は、***k* 平均法**(*k*-means method)と**ベクトル量子化**(vector quantization)である。どちらもアルゴリズムの中心部は酷似している。

1)　*k* 平均法

まず、データの項目ごとに単位が異なっていたり、数値の縮尺が異なっているなら、標準偏差で割って正規化する。

次に何らかの判断基準によって、分類の数(クラスタ数)を決める。例えば、「散布図を観察した結果、3つに分けるべき」「会社の都合で商品は5種類までしか作れないから顧客も5つに分類する」とすることもあれば、「特に理由はないが4種類に分類できれば私には十分」と主観的に決めてしまうこともある。客観的に自動で決める手法として情報量規準という指標で決める手もある(その研究も盛んである)が、観察による人間の直感のほうが勝ることがしばしばである。とはいえ、クラスタ数を分析する前に決めなければならないのは不便なので(次に解説するベクトル量子化のように)、分類したが当てはまりが悪い場合、追加でさらに小分けする手法もある。

各個体はクラスタのどれかに所属するものとする。最初は所属クラスタはランダムに割り振る。このとき、各クラスタの中心(centroid)を考える。クラスタに所属する個体の集団の重心(あるいは中央値など)を centroid とする。

いったん、centroidの位置が決まったら、改めて各個体の所属クラスタを考え直してみる。各個体は自分に一番近いcentroidをもつクラスタに所属させる。この際、個体によっては、別のクラスタに所属を替えるべきものも出てくる。

所属替えが激しく起きているうちは、まだ分類が生煮えである。よって、「改めてcentroidの位置を計算し直し、次いで個体の所属変更を考える」という2手順を所属替えが小さくなるまで繰り返す。安定してきたら、分類の最終結果とする。

*k*平均法の弱点は、外れ値に敏感なことであり、最初のランダム設定で運が悪いと、バランスの悪い分類パターンにはまり込んでしまう失敗が起こり得る。例えば、「腕時計を2分類した結果、10億円の高級時計とそれ以外の2つのクラスタに分かれました」といった感じで、極端な少数派集団をわざわざクラスタとして取り上げてしまう。こんなムラのある結果は、数学的には何らかの真実であったとしても、実用上は困る。

この弱点を解決するために、*k*平均法自体にもさまざまな対策が考案されている。ベクトル量子化もその一つである。

2) ベクトル量子化

ベクトル量子化は*k*平均法を繰り返す手法であり、その際クラスタ数を、1、2、4、8、16と段階的に増やしていく。最初の$k=1$なら、centroidは標本の重心に配置される。そこから、*k*を2倍に増やす度に、既存のcentroidをごくわずかな間隔をつけて2つに分裂させる。これをcentroidの初期位置とし、*k*平均法を実施する。これならば、centroidが初期に偏った位置を選ばされる事態をそこそこ防げる。

さて、球団データの事例を分析してみよう。12球団をベクトル量子化を使って、とりあえず4つに分類してみよう。第1クラスタには一番勝率の高い球団Aのみが分けられた。3つのクラスタのcentroidは**図4.10**の位置に落ち着いたので、このグラフからクラスタの内情を見てみる。球団Aは打撃力が他のクラスタを圧倒しているが、奪三振はむしろ平均より極めて少なく、完封も

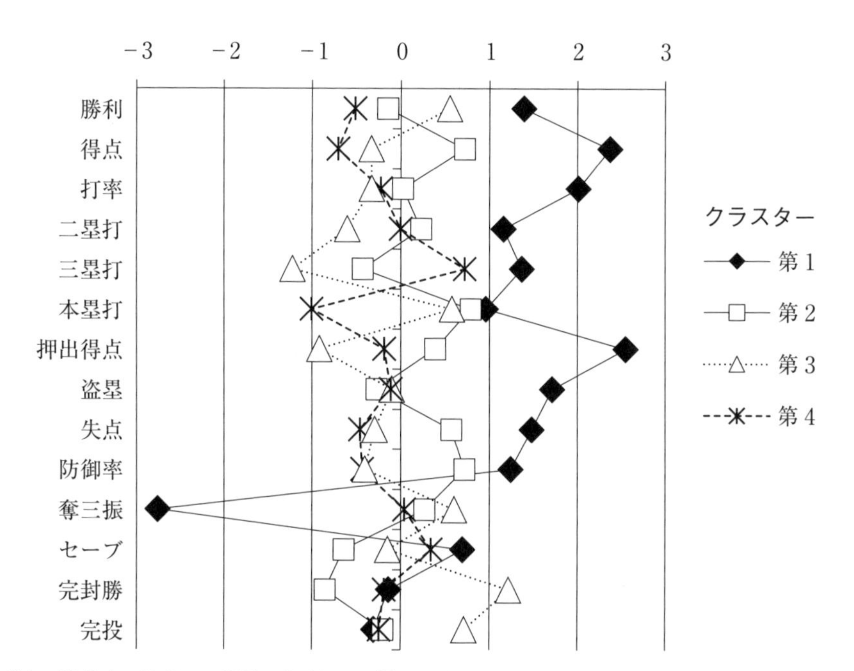

注） 横軸は、値が 0 の位置に全球団の平均があり、長さ 1 が標準偏差に相当。

図 4.10 クラスタ分析の結果。正規化した値での 4 つのクラスタ中心(centroid)の位置

完投も多くはないことがわかる。つまり、勝つための秘訣は、何より打撃力であり、奪三振や完投といったエース投手の必要性は二の次ということがわかる。

第 2 クラスタには、球団 B、G、L が集められたが、これらは得点も失点も多い、乱打戦指向であることが見て取れる。第 3 クラスタには球団 C、E、F が分けられ、完投を目指す、エース投手に頼る傾向であるとわかる。第 4 クラスタには球団 D、H、I、J、K が選ばれ、失点は少ないが、本塁打が特に乏しい状況であるとわかる。

このようにクラスタ分析は、単にグループ分けに役立つだけでなく、良いクラスタは他と比べて何が違うのかを教えてくれる。

(3) 樹形図での結果表示

クラスタ分析でしばしば悩みの種となるのが、クラスタ数の決め方である。まず、最適なクラスタ数がわからない。さらに、より大きな問題として、いったん特定のクラスタ数に決めた後は、変更不能になることが挙げられる。そのため、「分析結果が出た後に用途によってクラスタ数をいろいろ変えて分析結果を見てみたい」という需要には応えられない。

そこで「特定のクラスタ数にだけ固執せず、分類が作られる様子のすべてをありのままに保持する」という発想が生まれる。**図 4.11** や**図 4.12** のような樹形図の形にしておけば、その要望に応えられる。

樹形図の作り方は次のとおりである。まず、対象物のなかで最も互いに類似しているペアを見つけ、それらを枝で結ぶ。球団の例だと、失点と防御率が極めて類似しているので、このペアが最初の槍玉に挙がる。枝の叉(また)の深さは、類似していない度合い、すなわち距離を反映させる。このようにして最も類似しているペアを次々に枝の叉で結び、さらには枝の叉同士をも枝の叉で結ぶことを繰り返して、最終的にすべての対象物が一つなぎの木にまとまる。

樹形図ならば、計算終了後から分類をいかようにも選ぶことができる。少ない分類でよいのなら根本のほうで胴切りにする。多数の分類が欲しければ木の中頃から梢のあたりで切る。**図 4.11** でいえば、4つの分類が欲しいならば距離 1.5 にて切り、木を4つの部分に分割すればよい。なお、クラスタ分析と樹形図作図では、詳細部分では計算手順が異なるので、両者の分類結果の間で差異が生じることがある。

図 4.11 や**図 4.12** のように、似ている項目や個体からまとめてグループにして、最後に一番似ていないグループ同士をつなげる方式では、樹形図は最後の併合点を頂点とするホウキの形になる。これを**根つき木**とよび、木の根元となる頂点を**根**とよぶ。

根は、題材によっては重要な意味があるが、そうでないことも多い。根が物事の中心や代表、共通祖先といった特殊な意味をもたない題材では、なにも根つき木にこだわることはない。根をもたないが、枝の長さは対象物間の距離を

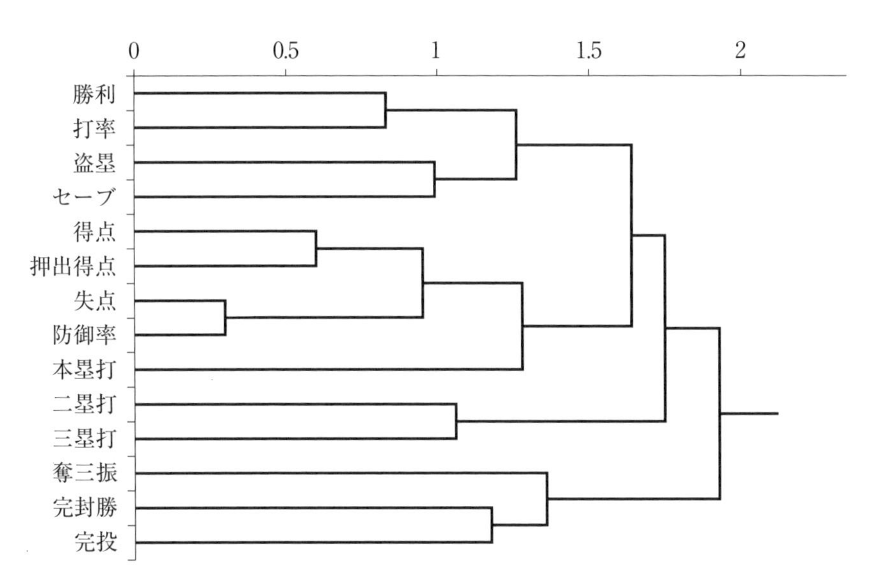

注） 距離は2×(1－相関係数)の平方根。クラスタリングの基準は最長距離法に設定。

図 4.11 データ項目のクラスタリング結果の根つき木

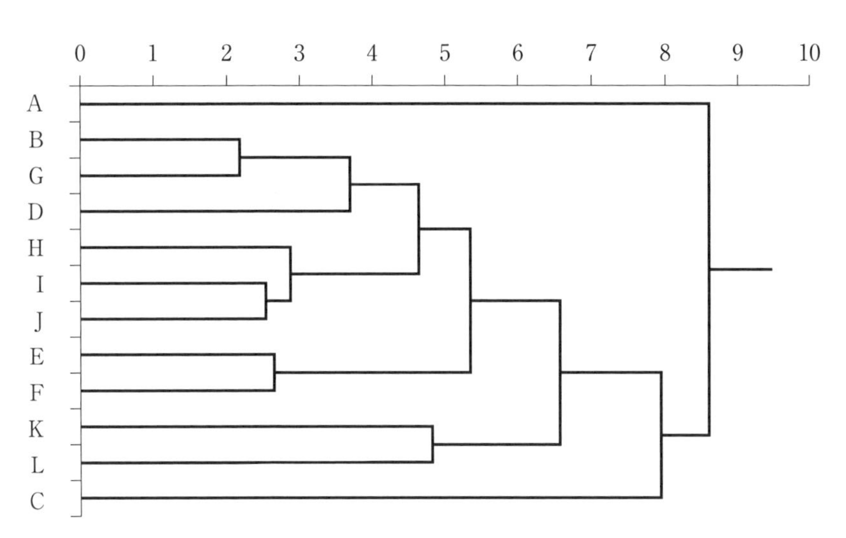

注） 距離はユークリッド距離。クラスタリングの基準は最長距離法に設定。

図 4.12 球団のクラスタリング結果の根つき木

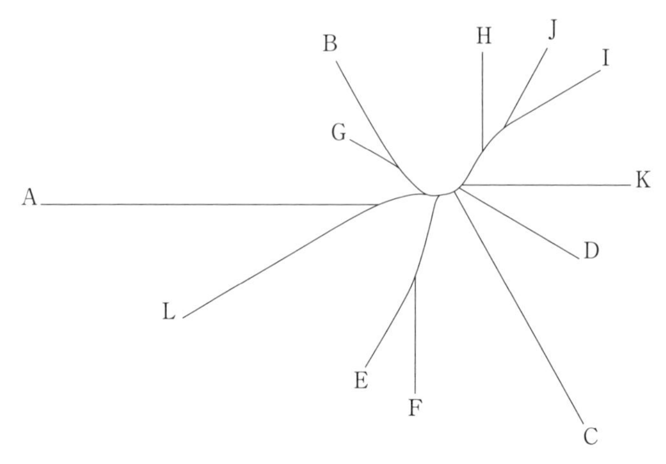

注） R言語のphangornライブラリで計算。

図4.13　球団の相違度を表す根無し木

反映させて描く**根無し木**という書き方もある。

根無し木は、球団の例だと**図4.13**のようになる。平行線が多い根つき木と比べて、根無し木のほうが、分類状況が観察しやすい。球団H、I、Jが似ていることはすぐわかる。球団Gが木の中心近くにあり、この球団が一番平均的であることも見て取れる。なお、根無し木では枝の向きは、作図の都合上で便宜的に決めた、全く意味をもたないものなので、惑わされないように注意する。

(4)　クラスタへの所属やクラスタ同士の合併の決め方

クラスタ分析でも、樹形図でも、個体をそれにふさわしいクラスタなりグループなりにまとめていくという操作が頻発する。

ここで問題となるのが、「所属が未定の個体や合併先が未定のグループを、何らかのグループに合流させるための基準」である。ちょうど、派閥に属していない政治家が、自分の考えになるべく近い派閥に合流する状況と同じである。ある政治家が特定の派閥が一番自分に近いと思って、その派閥に入会を希望しても、その派閥から見れば意見が違いすぎるという場合もある。このとき、「派閥内の均質性を守るために受け入れない」という判断もあり得る。

誰もが満足できる最善の方式はない。派閥の合併や党の合併などでは、しばしば全員の利害が一致せずに揉めるが、その一因は最善方式の不存在にある。

所属の決定方式として主なものを挙げよう。

- 重心法：個体にとって自分の位置に最も近いところに重心をもつ派閥へ加入する。派閥同士の合併ならば、派閥の重心同士の距離が一番短いペアが合併する。重心に代わって、中央値を使う方式もある。重心法は平凡かつ簡明なので頻用される。
- 最近距離法：個体にとって、自分に一番近い個体が属している派閥へ加入する。一番の親友が所属している部活に自分も入るようなものである。派閥同士の合併ならば、両派閥の間で最も近い2名の距離を測り、それが一番近い派閥のペアが合併する。

  この方式は、個体間が近ければ、そこはあえて分断しないという配慮ができる。しかし、入った派閥には自分とかなり違うメンバーもいるかもしれないので、派閥の均質性が損なわれるリスクがある。また、分布全体の中央部を占める派閥だけが、周辺の個体を集めまくって突出した大派閥になり、何でもありの派閥となって特徴がぼやけてしまい、有用な分類にならなくなる可能性が高い。
- 最長距離法：最遠隣法ともいう。各個体が所属する派閥内部でその個体に一番遠い個体までの距離が最短となる派閥へ加入する。つまり、自分と最も意見が異なる個体だけに注目して、意見の相違が一番小さい派閥に入会する。派閥同士の合併ならば、派閥の最も遠い2個体の距離を測り、それが一番短い派閥のペアが合併する。

  この方式は、合併によって派閥の均質性が最も損なわれにくいという利点がある。また、最近距離法とは逆に、大派閥が1強となる分類を避けやすい。欠点として、縁遠い固体同士の距離は、しばしば精度が低くなるため、その影響で奇妙な結果が出るリスクが挙げられる。近縁同士のもの、例えば「チキンカレーとビーフカレーの差」を論じることは比較的簡単である。一方、縁遠い「チキンカレーと大福の距離」や「チキンカレーとちくわの距離」はつかみどころがない話であり、それぞれにある大きな差異を比較したところで、その分析の正当性や精度は疑わしくなる。

通常は重心法を使い、その結果を意味の観点から吟味する。つまり、データを計算し特定の分類結果が出たとき、「結果の意味をよく考えて奇妙ではないこと」を確かめるのである。分類結果がデータの意味をうまく捉えていない(奇妙な結果となった)場合は、最長距離法を試みるが、題材により最近距離法が一番意味のとりやすい結果を出す場合もある。

(5) 深層学習はオールマイティか？

クラスタに分類できるということは、識別ができることに等しい。例えば、自分の持っている写真のデータを何個かのクラスタに分類したとする。あるクラスタで犬の写真ばかりが集められていれば、そのクラスタの中心に近いことが犬の写真である条件だとわかる。新たな写真を入手したときに、それが犬の写真であるか否かは、クラスタの中心との差で評価すればよい。

深層学習の実用化以前、単純なクラスタリングだと実際に写真の画像の識別はできなかった。犬の写真といっても、顔だけが写っているものもあれば、後ろ姿のもの、足だけのもの、イラストの犬の絵など、多種多様なものがあり得るからである。これらの写真データの値には数式で簡単に表せるような共通性、例えば「色が茶色い」とか「鼻が長い」といった簡単な特徴はない。クラスタ分析の取っ掛かりとなる特徴量に見当がつかないので、どうしようもなかった。

しかし、深層学習の実用化以後、このような特徴量の問題は解決し、スマートフォン中の写真を検索する場面などで活用されている。深層学習は特徴量を自動で見つける技術であり、性能面で従来型の技法を圧倒的に凌駕している。深層学習は、やろうと思えばいくらでも複雑なモデルが扱えるうえに、対象の係数などの内容を学習すれば自動的に適切な値に調整できる手法である。「モデルが大きいことは良いことだ。どんなに大きくてもデータさえあれば何とかなるだろう」という物量作戦的な楽観が利き、多くの企業で研究開発活動を刺激してきた。

深層学習の基本戦略は、「自己符号化器を訓練して無駄な情報をふるい落とすという単純な操作を、何重にも重ねる」というものである。自己符号化器は、**図 4.14** のような3つの層からできている。入力層は、入力データのベクトルを貯めておく場所である。この入力に何かの関数を適用して、入力よりは少し次元の小さいベクトルに変換する。これを中間層に貯める。さらに中間層のベクトルに、先ほどの逆関数を適用して、データを入力どおり元に戻し、出力層に出す。いかなる入力に対しても、出力層から入力そのままのデータが出てくることが、自己符号化器の理想的な動作である。

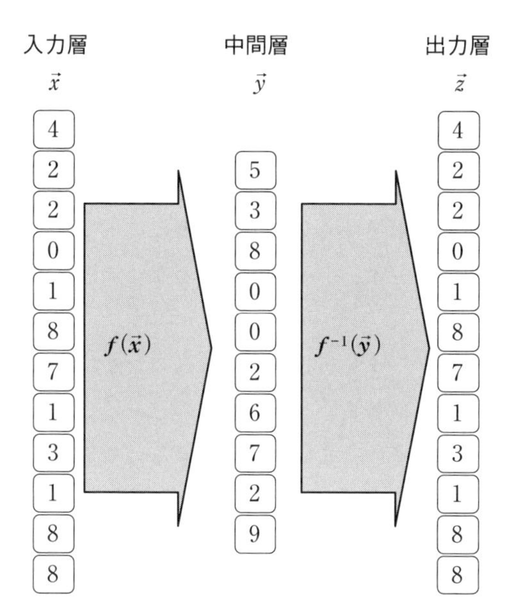

注）どんな入力であっても、同じものが出力から出てくるように、写像関数を調整することが目標である。途中、2回の写像をするが、途中で記憶容量が絞られているのがミソ。データに潜む真に大事な特徴が中間層に濃縮される。

図 4.14　自己符号化器の例

しかし、中間層が狭く絞られ、データの記憶容量が足りないのであるから、そこで情報が失われる。途中でデータを欠損させたうえでの元どおりのデータへの復元を、あらゆる入力に対してもやってのけることは、理屈のうえでは当然不可能である。

だが、3.6節で述べたように、現実社会に存在するデータは、すさまじく冗長で、データのなかには欠けてしまっても再現には支障が出ない成分が大量に含まれている。例えば、相手が「ありがとうございます」と言ったのが欠けて「ありがとます」と聞こえても、日本語に慣れた人なら勘が働いて、「“ありがとうございます”と言ったのだろう」と頭の中で修復できる。この原理は自己符号化器の訓練でも同じで、捨ててよい部分を見切る関数と、元に戻す逆関数を膨大な回数、修正する。

さて、中間層には、「これを捨てては復元に困る」という情報が濃縮されていくことになる。中間層のベクトルの内容を見れば、入力が何かを識別できる特徴量が見つかるであろう。例えば、「犬の写真ならベクトルの先頭要素の値が大きく、猫なら2番目の要素が大きい」といった、何らかの法則性ができている期待ができる。こうして、自己符号化器は大事な特徴を濃縮していく。この濃縮を何段階も重ね、層を深くした深層学習によって、写真の被写体にせよ、囲碁将棋の局面の優劣にせよ、ジャンルを問わないデータに対する識別が可能となった。

深層学習によって、データ分析技術は大躍進したが、弱点もある。訓練用に膨大なお手本データと、計算量が必要になるのだ。特にお手本データの収集は大変である。データ量がそのまま性能に直結するので量を増やしたくなる。しかし、お手本を作るのは、えてして人間なのだ。数万や数十万個の識別対象について、いちいちその意味内容を人の手で記入するのには膨大な労力がいる。千個程度なら、少人数が根性で作ることも可能かもしれないが、その程度の量では深層学習の真価は発揮できない。金で人を雇ってお手本データを作るという労働集約的な作業が必要だ。一方で、インターネット上の書き込みデータとか、レジでの買い物情報など、毎日数億個規模のデータが自然と湧いて出てくるような題材なら深層学習が向いている。

4.3 のまとめ

データを似ているもの同士に分割して整理すると多様性が扱いやすい。

4.4　高多様度大規模データの樹形図分析

(1)　樹形図と系統樹

多様性を観察するには樹形図が最適である場合が多い。

樹形図は、作図結果こそ二次元平面に描画するものの、紙面上の方向の意味を捨てることで、非常に多段階の分類を描画できる。樹形図では根元近くの大きな分岐は、主成分分析でいうならば第1や第2といった主要な主成分に相当する。また、梢(こずえ)近くの小さな枝分かれは、かなり弱い主成分に相当する。主成分分析や多次元尺度法の作図では、上位数個の強い主成分以外はほとんど無視され描かれない。大分類だけでなく、梢の小さな分類も拾うことで、多様性を細部の分類まで観察したいならば、樹形図の活用が適切である。

生物のように共通祖先があってしかるべき題材ならば、多様性を根つき木のグラフで描くことが一般的である。生物の分化と進化を表す根つき木グラフは**系統樹**とよばれる。系統樹は、遺伝子の類似度にもとづいて生物種を分類することで作成される。系統樹の枝の叉の深さは、遺伝子の違いの距離を反映するものだが、それは分岐してから経過した時間にも相当するだろう。「遺伝子の変化の度合いは経過時間に比例する」と仮定できるからだ。この比例係数がわかれば、「根つき木は、種が何年前に分化したものか」を枝の長さで表した図へと自らなる。

共通祖先は生物だけに限ったものではない。例えば、技術や文化も、何らかの前例から影響を受けて成り立っている。遺跡から発掘される土器や石器の特徴を調べて、それらの間に類似度や距離を定義できれば、系統樹が作図できるだろう。つまり、「どれぐらい昔に、どこから文明の情報が伝わったか」を推定できるようになる。実際に人間の話す言語も、同様に分析されており、その系統樹の作成が試みられている。

ただし、人間の文化は、生物の種とは違って、複数の前例から影響を受けることがあるので、木のような単連結の(すなわちループのない)グラフには普通はならないだろう。また、各々が別個に発生したため、共通祖先がそもそもないという場合もあり得る。さらには、変化量と経過時間が比例関係にあるとも限らない。時代によって、文化が変化する速度は大きく異なるからである。

このように、生物以外の一般の題材に対して根つき木を使うケースをしばしば見かけるものの、実はさして適切でも有利になるわけでもない。共通祖先を無理に仮定せず、「何は何と最も似ているか」を単に示すだけの、根無し木の図で描くほうが無難である。

(2)　根無し木を用いた多様性分析

根無し木を用いた多様性分析なら、次の特徴を有するデータにぜひ適用してみたい。

①　個体の数が多い。

②　個体の特徴を表す項目が多い。つまり、高次元データである。

③　個体間に類似度や相違度が、何らかの形で、定義できる。

この条件に該当するものとして、会社や組織がもつ文書データがしばしば該当する。組織は情報を文書の形で貯蔵するから、内部で抱える文書データは膨大になる。膨大すぎて誰もすべてに目を通せない。せっかく溜めた情報が死蔵されて問題になる。しかし、組織内文書は、内容が多様で、低次元の大雑把な分類では歯が立たない。とはいえ、2つの文書を見比べて、互いの内容の類似度を評定する程度なら厳密な数値化ができるかはさておき、可能といえる。

そのような文書の代表例に、米国のNASAが航空安全報告制度(ASRS)として運営し収集している、航空業界でのヒヤリハット(事故になりかけてヒヤッとした事象）の報告を収集したデータベースがある。これはインターネット上で公開されている。報告文は年に約 4,000 件のペースで溜まってきており、すでに 40 年におよぶ蓄積がある。

データの主要部は、事象の当事者が執筆した文書である。文書は数値データではない。コンピュータが文書情報を扱う際の正攻法は、構文解析を経て意味理解に至る処理であるが、これは技術の進展が著しいとはいえ、今なお難しい。

人間の作る文はしばしば文法的に不完全であり、言葉も曖昧だから、正確な解釈は難しい。社内文書を、「日本語→英語→日本語」と機械翻訳してみると、大抵は変な訳文になる。現在使えるアルゴリズム（計算や問題解決の手順）はその程度の精度でしか課題を処理できないわけである。「文中の単語が、主語であるか」「述語であるか」「否定されているか」といった文法的な意味を識別するのに計算時間がかかる割に、精度はまだまだ不十分である。

そこで簡便策を採る。各文書にどんな単語が含まれているかだけを注目する。つまり、文書を言葉が入った袋（バッグ・オブ・ワーズ：bag of words）と見なす。各文書を袋と見なすと、文書のデータはそれに含まれる単語のリストとそれらの出現回数というベクトルに置き換わる。文書同士の類似度や相違度は、含まれる単語の一致度によって測ることができる。ベクトル同士のコサイン距離を相違度とすることが多い。最後に距離のデータをもとに根無し木を作成する。

距離が近い文書同士は、含む単語が似ているものの、内容が類似しているとは断言できない。しかし、多くの場合は似ていると想定するに足るであろう。実際、航空ヒヤリハット報告 4,469 件を出現単語の類似度から根無し木を作成したところ、**図 4.15** のようになった。大きな枝には、共通する単語を含む報告がグループ化されているが、それらのヒヤリハットの内容も類似していた。

この根無し木を見れば、「ヒヤリハットにはどのようなパターンがあるか」や、「どのパターンが多いか」が一目瞭然である。多少の誤認識の可能性はあるにせよ、根無し木を使わずに 4,469 件の報告を全部読み通す苦労に比べれば、はるかに容易に知見を引き出せる。また、少数派のヒヤリハットも、小さいな

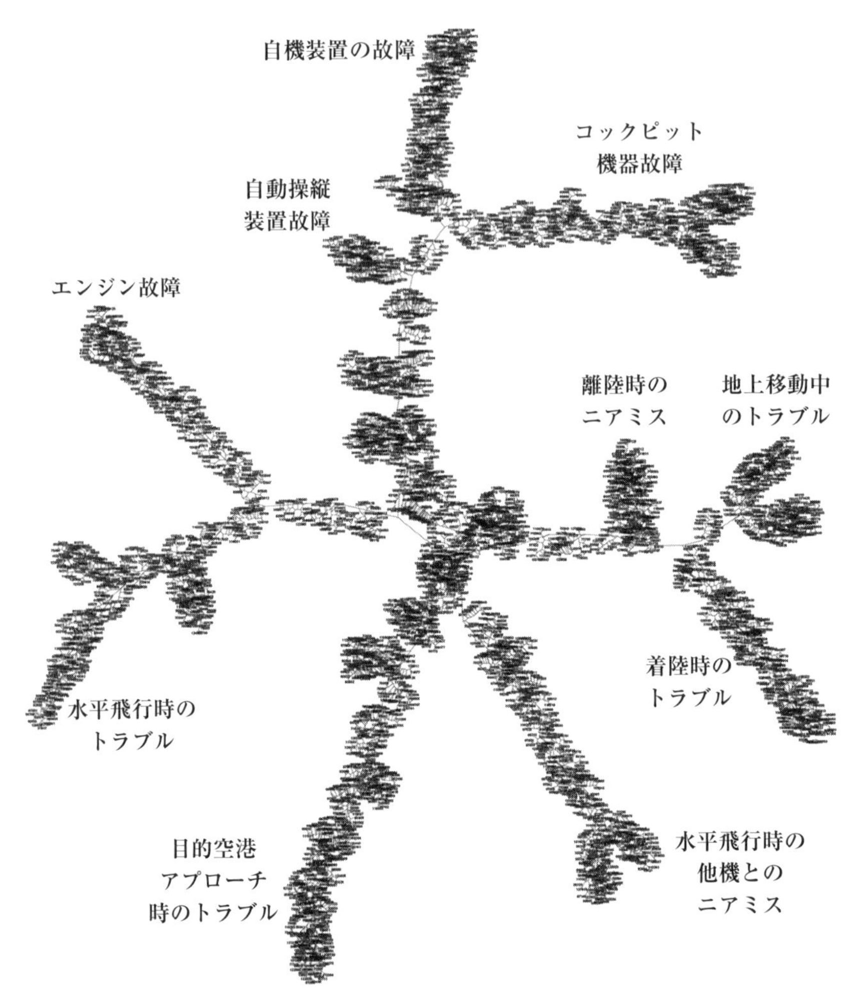

注）民間航空でのヒヤリハット報告4,469件を出現単語の類似性で分類した結果の根無し木。葉は各報告の報告番号。簡略のため枝の長さに相違度を反映させていない。Gephiで作図。

図4.15　根無し木その1

りに枝として描かれるから、多様性の細部の情報まで拾うことができる。

さて、「どの文書同士が縁深いか」という観点だけでなく、「どの単語同士が縁深いか」という分析も、ほとんど同じ手順でできる。「縁深い単語同士は、

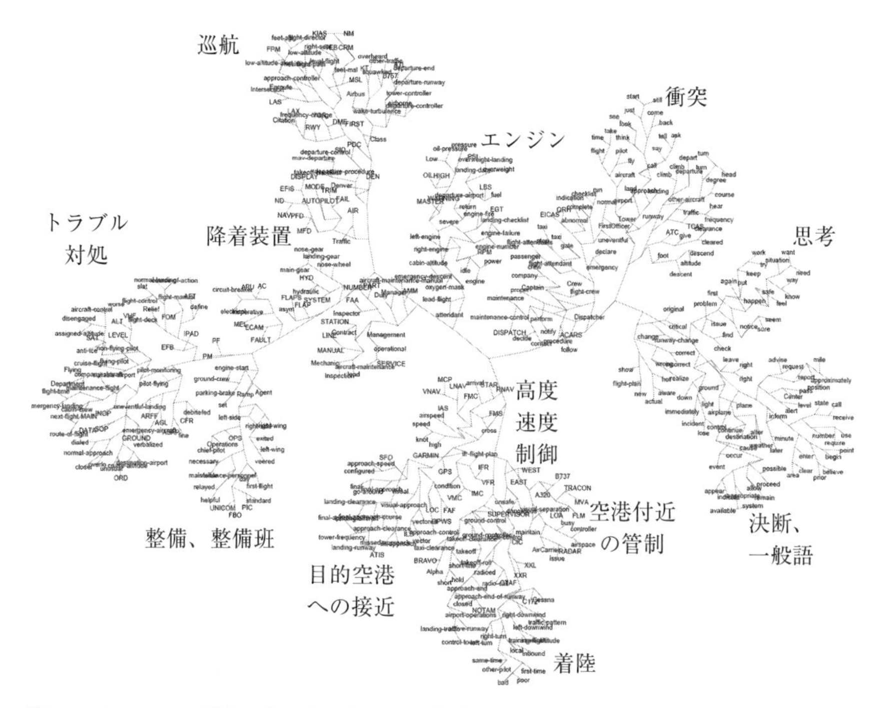

注) ヒヤリハット報告に出現する主要494単語を、出現文書の類似性で分類した結果の根無し木。葉は単語。簡略のため枝の長さに相違度を反映させていない。Gephiで作図。

図4.16 根無し木その2

出現する文書が似ているものだ」と仮定するのである。あとは、文書の分類のときと同様の手順で、単語同士の距離を計算し、**図4.16**のように根無し木に描く。こうすると縁深い単語の一団が1つの枝にまとまって分類される。例えば、ある枝(**図4.17**)を拡大してみると、engine fire、engine failure、power、fuelといった単語の群れがまとめられている。これらは飛行中のエンジンの故障について述べる文脈で使われる単語である。数々の報告書のなかで、これらの単語を使って、飛行中のエンジン故障を述べる文がパターンとして存在するとわかる。こうして、「ヒヤリハットの話のなかに、どのようなシーンが記述されているのか」は、根無し木を観察して理解できる。

図 4.17　単語分類木(図 4.16)の「エンジン」に関する枝の部分の拡大図

4.4 のまとめ

類似度が定義できる多数かつ多様なデータは、根無し木に分類して観察せよ。

第5章
多様性への戦略

本章では、従来式に物事の平均や全体傾向に目を奪われるのではなく、「個体それぞれの個性に注目する」という観点から、実社会の具体的な課題を解決する方法を紹介する。

5.1　品質管理

(1)　ばらつき管理から多様性管理へ

従来の品質管理は、ばらつき(dispersion)を減らすことを目標に、設計仕様から外れない同じ物を作り続けることが求められた。「製造物の値のばらつきを、標準偏差や範囲の指標で計測し、その原因を探るという活動」が、統計的品質管理であった。実際、ばらつきは正規分布に従うランダムノイズと仮定してよい事例が多かった。

しかし、現代では事情が異なってきている。まず、少量多品種生産[1]の比率が増えたため、同じ製品だけを作り続けるという機会が減ってきた。極端な場合、1回しか作られない特注品だらけとなるので、ばらつきの定義自体が難しくなる。また、自動制御工学[2]が発達したので、ばらつきは強力に制御をかけられて極めて小さくなっている。

一方で、「ばらつきが正規分布に従う」とは期待できない事例があり、そち

1)　顧客のニーズに合わせて類似性(機能・デザイン)の低い商品を、少量ずつ作る生産方法。

2)　「各種機器、設備に自動制御を適用することを目的として、自動制御系の動作解析および構成を研究する工学分野。…(中略)…第2次大戦後にようやく学問分野としての体系を整えた新しい分野である」(『世界大百科事典』)

らのほうが重大な問題となってきた。制御装置が故障したり停止すると、ばらつきは野放しとなって、とんでもない誤差を生み出す。

食品の製造現場では、各原料の配合の制御は自動化が発達し、あまり問題とならない一方、ヒューマンエラー[3)]で配合の間違いが引き起こされることは多い。特に注意が必要なのはアレルギー[4)]物質である。これは、たとえ微量でも敏感な人には有害性を発揮するので含まれてはならない。「通常時に制御できている物質なのに人間が間違えて大量に入り混んだ」という現象を、確率モデルで管理しても無駄である。「アレルギー物質でも量がわずかなら大丈夫」などという言い訳は通らないので、確率を計算しても安全の保証にはならない。

これからの時代、個々の要素への理解がより深まり、ますます個性的になるため、ばらつきや異常のリスクを確率分布で把握しがたくなる。多様性を尊重した分析による管理がこれからますます重要になる。

(2)　多様な異常に備える

これまで紹介してきた技法について、多様になりがちな品質異常というリスクに対して適用することを考えよう。

Good-Turing法(**3.5節**(2))によれば、「まだ1回だけしか観測されてない形の異常がNパターンあるのなら、未だ観測されていないが起こり得る(あるいは起きたが見逃している)異常はN種類存在する」と推定すべきである。このお告げの精度はともあれ、想定外の異常がどれだけあるかを覚悟するには有用な目安である。

稀な現象は当然、その第1号が観測されるまで長い時間がかかる。そのため、初観測までの時間に注目するという分析がある。これは医学の世界で、年齢と発がんの死亡率に関するアーミテージ・ドール(Armitage-Doll)モデルとして

3)　事故や損失の原因になる人間のミスのこと。拙著『防げ　現場のヒューマンエラー』(日科技連出版社、2010年)などを参照。

4)　「過敏症ともいう。遺伝的な素質とも関係が深く、個人差が大きい。アレルギーを誘導する抗原をアレルゲンともいう。抗体が関係する代表的な反応は即時型過敏症(アナフィラキシー)と呼ばれ、抗原との再接触後数秒～数分で起こる。」(『旺文社 生物事典』)

知られる分析法である。このモデルによると、ガンの死亡率は年齢の整数乗に比例するという。

例えば、男性の胃がん死亡率は年齢の5.91乗に比例するという統計データがある。今、「胃がんになるには7個の変異が遺伝子に起きねばならない」と仮定してみよう。変異が単位時間内に起こる確率は小さく、また生涯にわたり変わらないとする。すると、7個の変異がすべて完了する確率は、経過時間(年齢の7乗)に比例することになる。累積発がん率が年齢の7乗に比例するので、その微分に当たる年代ごとの発がん率(とそれに比例する死亡率)は6乗に比例する。これが統計データにおける5.91乗の意味合いである。乗数が整数に近い値になるのは、ガン関係遺伝子の個数を反映するからである。

この理論は機械などにも適用できる。機械を設置してから、あるいは朝に始動してから、最初の異常が起こるまでの時間を測ってみる。「どれだけ時間が経過すると、何件の異常が発生するか」をグラフに描き、「異常第1号の発生確率が経過時間の何乗に比例するか」を見れば、その故障にかかわる要素の個数が推定できる。例えば、4乗に比例するならば、要素数は5個である。個々の要素の詳細は不明ながらも5つの何かがすべて劣化した際に、異常第1号が起こっているのである。そのため、その具体的な原因を突き止めることで、異常発生のメカニズムを深掘りする品質管理ができる。

次に、「故障の種類に目を向ける」という分析上の観点もある。部署ごと、ラインごとに異常の種類の数を数えて、その均質の度合いをβ多様性(**1.5節**(2))で把握することも重要である。β多様性が大きい(担当部署や製造ラインによって発生する異常の種類が大きく異なる)状況ならば、「異常の原因は局所的な要素にある」と推理でき、「個別のラインが不調である」「機械の置き場所が悪い」といった局所的な要因に容疑がかかる。逆に、どのラインでも同じような種類の異常が見られるなら、異常の原因は共通の要素にあるはずだ。

異常のなかで特に脅威となるのは、**想定外**に極端な値をもたらすレアケースである。大津波のように、大きな異変を予測して備えねばならない。想定外の値を見積もるやり方は、本書で紹介したドイツ軍戦車問題の方法や、より専門的には極値統計学などがある。しかし、それでも想定外の予測は原理的に難しい。技法はあれど、そもそもデータが足りない題材だからである。

想定外の事象について、安全工学では**ハインリッヒの法則**[5)]によるある種の経験主義的な予測策をとる。ハインリッヒの法則とは、「重大な事故が1件起こった工場では、それまでに29件の小さな事故と、300件の軽微な異常が起きているものだ」とする経験則である。現代ではこれを十進数風に簡略化して、「保安体制が同じであるならば、重大事故が1件起こる確率と、小さな事故が10件起こる確率と、軽微な異常が100件起こる確率は、等しい」と考える。つまり、事故が1ランク悪くなると、それが起こる確率は10分の1になると、経験から見積もっている。年間1人が死亡する工場と、10人が怪我で入院する工場と、100人が小さな怪我で手当を受ける工場とでは、どれも安全体制の程度は同じと見なす。

「我が工場で死亡事故などあり得ない。想定外だ」という工場であっても、「年間100人は小さな怪我で医務室で措置を受けている」とわかれば、「どういう事故になるかは不明だが、とにかく年1人は死亡するのが相場だ」と警告できる。「事故のシナリオが思い浮かばないのならリスクはゼロなので、対策などしない」という凡人なら誰しもがもちがちな怠惰な思考に、ハインリッヒの法則は、「危険性が1つも思い浮かばない状態そのものは何ら安全の証明にならない」というリスクの相場を教えて、安全対策への投資をうながす役割を担っている。

5.1のまとめ

ばらつきよりも、異常の成り立ちと振る舞いに目を向け、異常発生のメカニズムを探れ。

5)「アメリカの損害保険会社で調査に携わっていたハインリッヒ Herbert William Heinrich（1886―1962）が1929年に発表した論文で言及したもの」（『日本大百科全書』）

5.2 販売戦略

(1) オンラインストアでの商品多様化とその弊害

店舗にて顧客に提示できる商品数は、かつては限られたものであったが、今では制限がなくなってきている。インターネット上のオンラインストアならば、棚の広さを気にすることなく、何種類でも商品を展示できる[6]。動画や電子書籍は在庫を抱えて場所をとることはないし、モノとして存在することに価値のある商品でも3Dプリンタ等を使いオンデマンドで製造できるものが出てきた。在庫なしでよいなら、いくらでも多品種の商品を扱える時代が訪れつつある。

多様な商品があれば、個々の顧客にしっくり合う満足度の高い商品を販売できるので、価格が高くても売りやすい。特殊な商品を求める少数派の客にも対応できるから、販売機会の逸失を防げる。顧客の需要が分散すれば、特定の商品ばかり売れて在庫切れとなるリスクを回避できる。また、販売を通じて、顧客の分布状況を知ることができる。こうした情報が集まる小売業は、直近の売れ筋がわかるので、メーカに対して有利な立場に立てる。

しかし、むやみに商品数が多いと弊害が出てくる。オンラインストアが多種多様な商品のジャングルとなると、顧客は商品を選びきれない。たとえ検索してもベストの商品紹介までたどり着けないおそれが出てくる。例えば、オンラインストアでは統計データにもとづく商品推薦機能が使われているが、椅子を買ったばかりの客を「椅子が好きな客」と認識して、別の椅子を買うことを勧めるといった頓珍漢な現象が起きている。この安直な推薦は、例えば菓子の販売に対しては有効だが、耐久消費財には通用しない。しかし、こうした常識をシステムに埋め込むのは大変である。

商品を何でも受け入れて見かけ上は多品種販売にしても、内実が類似品だら

---

6) 日本国内のBtoC-EC(消費者向け電子商取引)の市場規模は2019年で19.4兆円となり、2010年の7.8兆円から2.5倍近くになった。また、すべての商取引金額(商取引市場規模)に対する電子商取引市場規模の割合(EC化率)は、BtoC-ECが2019年に6.76%で、2010年の2.84%から2.4倍近くになった(経済産業省「電子商取引に関する市場調査の結果を取りまとめました」(2020年7月22日))。

けになれば非効率である。また、高級品に似せた粗悪品が混じり込み、「悪貨が良貨を駆逐する」リスクも生じる。比較する商品の間に価格差がありすぎる場合、心理的な混乱が起きて最も高価格帯のものと低価格帯のものには手が出せなくなる。

商品が多様すぎて、デザイン様式や色調、高級感がばらばらであると、コーディネートが利かず、併売が難しくなる。イラスト素材集では絵の種数を増やそうとして、漫画風、版画風、写実風などと多様な様式を取り揃えがちだが、これは厄介である。複数のイラストを組み合わせて使う際には同じ様式に合わせねばならないからだ。むしろ、「様式は一つに限定して、画題の種数を増やす」戦略のほうが成功している。

何でも屋状態になったオンラインストア同士は、互いに個性の差がないため、激しい競争にさらされる。

(2)　商品多様性の最適化

商品の種類の設定は、しばしば難しい問題となる。高多様度を志向すれば、詳細な違いまで完全にカバーするべく超多品種在庫をもったり、オーダーメイドの体制を選ぶ方式をとる。逆に、「種数は減らすが誰でも買ってそこそこ満足できる標準品で対応する」という選択肢もある。1920年代のフォード社は自動車の大量生産で大成功した。量産の都合だけを考えれば、車種は少数の標準品だけに絞り込むほうが効率は良い。だが、車種を絞りすぎて、幅広い需要に応えられず、やがて他社に顧客を奪われることになった[7)]。

---

7)　1903年設立のフォード自動車会社は1908年にT型1号車を製造し、翌年にはT型1車種の生産を宣言した。デトロイト郊外ルージ河畔に新工場を建設した1922年には年1,351,333台を販売し、シェアも1915年の37%(1台440ドル)から56%(1台298ドル)へと伸びた。1927年には同時に、鉱石→鉄鋼→プレス→鋳造→エンジン加工→組立てに至る全生産工程の同期化を達成している(鉱山から鉱石を運び出し、完成車を貨車に積み込むまでの完成期間は約81時間。鉱石の輸送時間(48時間)を除いた実質の生産時間は約33時間)。しかし、1927年にはGMとの競争に敗れ、27万台にまで販売台数が低迷し、3,300万ドルの赤字を計上して、同年5月26日に15,485,486号車でT型は生産中止になった(以上、中島健一:『モノづくりマネジメント入門』(日科技連出版社、2020年))。

商品の多様性には階層がある。例えば、シャツを考えるとき、被服という大きなカテゴリを最初に考え、次に対象顧客の性別の違いというカテゴリを考える。実店舗でもこの2つのカテゴリで売り場が分けられている。さらに詳細を考えると、デザイン、色、素材、体型、サイズといったカテゴリの違いが目に入るだろう。

例えば、サイズのカテゴリなら安直にS、M、Lを用意するだけだと十分ではない。個々の人体がそれぞれきれいに相似しているわけはないからである。人それぞれに、肩幅や首回り、着丈などの寸法比率が違う。オーダーメイドならどんな体型でも対応できるが、人手がかかるので高価だ。コスト削減のため、少ない標準品を用意するだけで多くの人々に合う被服を提供する必要がある。

「寸法を全成人の平均値に合わせたシャツを作れば、分布の中心であるから、それにフィットする人数は一番多い」というのはあくまで机上の話である。全成人にワンサイズは、トイレのサンダルなら我慢できるかもしれない。しかし、シャツには粗すぎる。せめて数種類は欲しい(**図5.1**)。

そこで、大勢の人々から集めた身体寸法のデータを主成分分析にかけると、「第1主成分は体の全体的な大きさを表し、第2主成分は痩せ・太りの度合いを反映する」といった傾向が明らかになる。こうすると、人々の身体寸法が分布している状況を近似的に把握できる。

全体平均のサイズとは別に、第1主成分が平均から標準偏差1つだけ大きいサイズと小さいサイズを用意してみる。こうして大・中・小のサイズを作れば、大柄な人や小柄な人にも、よりよくフィットするものが出現すると期待できる。第2主成分についても同様に大・中・小のサイズをそろえるとよい。また、第1主成分と第2主成分とを組み合わせているパターンもある。このように主成分得点図で、平均の周りに標準偏差を示す楕円を描き、楕円上の点を選んでサイズの代表値とした集団をバウンダリファミリー(boundary family)とよぶ。

商品の種数の最適値は、実店舗とオンラインストアでは大きく異なる。

実店舗は、物理的なスペースに限りがあるため、陳列できる商品数は大きくできない。一方で、顧客に多数の商品を一望のもとに見せることができれば、

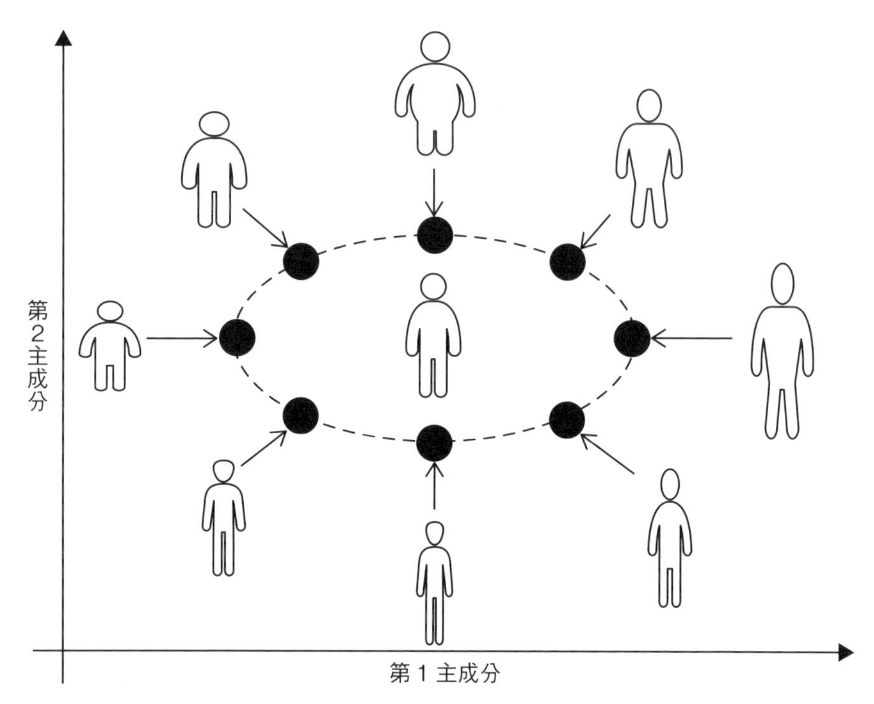

注）人間の身体寸法は多次元データである。その代表的な寸法を9例見い出したい。分布データの主成分得点図で、全体平均を中心とし標準偏差の広がりを示す楕円上に、数個の点を分布の代表として選ぶ。服などのサイズとして、全体平均とこれらの代表サイズを用意しておけば、多くの人にフィットできる。

図5.1　バウンダリファミリー

偶然に目に入った商品を買ってもらうチャンスが生まれる。試食や試供品も商品への出会いを与える。

実店舗での商品ラインナップ戦略は、商品分野によって大きく異なっており、例えば、以下のような戦略がある。

- 多種多数の商品をジャングルのように密集させて陳列する戦略。
- 価格の多様性をなくし値段を気にせず買える100円ショップの戦略。
- ファストフード店のように商品数を絞り混む戦略。
- 自動車のディーラーのように特定のブランドのみを陳列し、長年付き合いのある顧客には、そのブランドの範囲内で徐々に上位グレードを勧める戦略。

どの戦略も、中庸を目指すのではなく、有利な方向に思い切って寄せるという傾向が見て取れる。

「顧客が、じっくり比較して買うことがよいか、反対に差異を気にせずさっさと買えるほうがよいか」という点も検討すべき事項である。一般家電ならコモディティ化しているため、どのメーカのものでも性能や価格に大差がない。だから、「あまり考えずにさっさと手頃なものを買える」ほうが客の回転が速く売上も伸びる。その一方で、高機能の高級家電は性能を重視してじっくり考えて買うため、専門知識を有する販売員が必要となる。このときの客は、もともと高いものを買うつもりなので、販売員の人件費をカバーする利益が出る。

オンラインストアの陳列数は無限に大きくできるため、大手のウェブサイトの品揃えは数千万点に及んでいる。そこで第1の関門となるのは、「膨大な商品の山に埋もれた、顧客の買いたくなる商品まで顧客を誘導すること」である。

顧客が検索してヒットする商品を紹介することは簡単であるが、検索しない商品は目に触れないままとなる。この対策として、「客が買った商品としばしばともに売れる商品を推薦する」という戦略がある。だが、類似品や関係商品を見せられるばかりで、意外性のある推薦に出会うことは少ない。顧客にとって既知の範囲内の情報では、購買行動を変えるには至らない。

苦肉の策として、ランダムに商品を選んで推薦するという手がある。例えば、ゲームのなかでのキャラクターの外見を、一から自分で作って良いものにすることは面倒である。そこで、「ランダムでさまざまな外見の案を生成し、気に入るものを選んでそれを修正する」という楽な方法が提供されている。しかし、この方式だと選択の自由度が高くなるほど、出来の悪いものや不要なものも大量に見せることになり、顧客が満足するまでかなりの試行回数が必要になる。

併売が期待できる商品同士には、本来はストーリーがあるはずだ。「絵の具と絵筆」「サンマと大根」といったペアには、併売される背景事情がある。しかし、サンマの食文化に不慣れな顧客は、サンマを買うときに大根が必要となる背景のストーリーを知らないかもしれない。そのような顧客にとっては、コンピュータが当てずっぽうで大根を推薦してきただけにしか見えない。

よって、最近の商品推薦技術は、キーワード検索や関連商品検索から離れ、質問応答型の機能へと重心を移しつつある。顧客と問答することで、顧客の抱える問題やライフスタイルを把握し、満足度の高いであろう商品を推理し、理由を説明して買ってもらうのである。多様なストーリーを収集して顧客に見せることが、多様な品揃えをフルに活用する道である。

多様性は期待できないが、「単純に誰に対しても同じ目玉商品を勧める」という戦略も昔からある。タイムセールや先着何名様限定といった有利な条件をつけると、顧客はそれを理由に買うことが多くなる。

商品の多様度を増やすと管理のコストも上げるので、無駄な多様度は減らしたい。例えば、地域限定販売や期間限定販売の商品は、商品の種数を増やすことにつながる一方で、全体的・恒久(こうきゅう)的な供給を維持せずに済ませられる手段である。

また、全体としては多様であっても、要素分解できるなら管理コストを減らせる。服装なら、トップス、ボトムス、アクセサリと分けて用意しておく。服装全体は、それらの組合せで膨大な種類を作ることができるからである。ソフトウェアも、1つに多種の機能を盛り込むのではなく、単機能のモジュールを組み合わせられるようにするほうが効率的である。これはUNIX[8]オペレーティングシステムで用いられるソフトウェアの設計思想として知られる。

(3) 顧客囲い込み手段としての商品多様性

製品の規格を他社と異なるものにして、一度つかんだ顧客を他社の製品に乗り換えられなくする囲い込み戦略はしばしば実行されてきた。かつてのビデオ

8) 「1969年に米国のベル研究所がミニコン用に開発したオペレーティングシステムの商標名。互換性・安定性・セキュリティー能力が高く、パソコンにも利用されている。Solarisr(ソラリス)、HP-UX、BSD、Linux(リナックス)など、UNIXから派生したオペレーティングシステムの総称を意味することもある。」(『デジタル大辞泉』)

テープのβ方式とVHS方式の対立である「ビデオ戦争」[9]や、ゲーム機、パソコンのOSといった、一度定着すると顧客が固定化される(囲い込める)製品でシェア争いを繰り広げる例は枚挙にいとまがない。

共通規格を策定して各社が同じ土俵で競争するのではなく、勝者総取りを目指して大勝負に出るのである。このため、初期はばらばらな製品が乱発され多様性を増す。やがて、勝者が決まると、敗者は退場して多様性は減る。

囲い込みの競争では、早い者勝ちという側面が強い。今からパソコンの優秀なOSを開発しても、顧客は簡単に乗り換えてくれない。今をときめくインターネットの大手通販サイトも、その成長の秘訣には、技術や品揃えに優れていたという点もあっただろうが、何よりインターネットブーム[10]のごく初期から開業していたという点が決定的である。顧客はいったん選んだものから離れられないので、他社が開業するまえに市場に手をつけることでその制覇を狙える。

囲い込みでは、顧客に自社を選んでもらうことが重要なので、初期コストを大幅に引き下げる。プリンタの本体価格はかなり低廉であるが、まずは安値で購入してもらい、後からインクなどの消耗品を独占して利益を確保する。ソフトウェアや音楽・動画配信は、最近は月額のサブスクリプション(一定期間内なら一定料金で何度も商品・サービスを自由に利用できる)料金方式になっており、価格が低い。「個々の製品の価値にもとづく価格ではなく、顧客が自社の販路や顧客接点に定住してもらうことを重要視する戦略」をとっていることがわかる。

しかし、囲い込み競争は、経済全体にとっては害悪といえる。顧客が選んだほうの製品が競争に敗れると、今まで顧客が支出してきた分が無駄になってし

---

9) VHSは日本ビクター(現JVCケンウッド)、β(ベータマックス)はソニーが、どちらも1975年に開発もしくは発売した家庭用ビデオテープレコーダーの映像記録方式。画質に優れたβを抑えてVHSがデファクトスタンダード(事実上の標準規格)となった。βは2002年に生産中止。VHSは2016年国内における対応機器の生産が終了した(以上、『デジタル大辞泉』)。

10) 「1990年代末期に、米国を中心にインターネット関連企業の株価が急激に上昇した経済状況をいう。2001年のバブル崩壊によって景気は大きく後退し、世界的な不況を引き起こした。」(『デジタル大辞泉』)

まうからである。また、顧客が選んだ製品が勝ったとしても、市場を制した製品は強気で割高な価格設定になる。法外な価格に引き上げられても、乗り換えが利かないから顧客は応じるしかないという**ホールドアップ**が問題となる。

一方で、売り手としても、囲い込み競争は負ければ被害が甚大(じんだい)なのでハイリスクすぎる。自社のみの独自製品だと、技術開発のスピードが遅くなるため、多数の会社が連合して開発する道を選び、よい技術を安く早く手に入れることを優先する場合もある。この傾向は大規模ソフトウェアの世界で顕著であり、オープンソース化(中身を公開)して、大勢の人々に開発に参加してもらうことが、半ば当たり前になっている。ソフトウェアにバグはつきものだが、サイバー攻撃に悪用されてしまうバグを1つでも発見できればすぐに修正し鎮圧する必要がある。このような品質への非常に厳しい要求に応えるにはどうしても人手が必要なのである。

モノの生産がビジネスの主体だった時代では、自社製品のシェアを伸ばすことが至上命題であり、自社製品だけを売るという多様性の低い商品ラインナップになった。また、製品に独自規格という囲い込みの仕掛けがつけられた。

しかし、モノからコト、サービスへとビジネスの重点が移るにつれ、もはや独自規格の仕掛けだけでは囲い込みにくくなってきている。そこで、コトでの囲い込み戦略(よいサービスを提供してリピーターを作る)も採用する。このとき、他社の真似ではなく、独自性を武器とするコトを提供することが、今後ますます企業に求められるであろう。例えば、音楽・動画配信サービスでは、どの社でも同じような作品が視聴できるため、差がつかずに熾烈な競争になりがちである。そこで大手配信業者は、大金をかけて目玉商品を作り、独占配信することによって、差別化を図り、顧客を呼び込もうとしている。この戦略では、多様な商品をとりそろえることが勝敗の鍵を握っている。

(4)　マッチング戦略

仕事をしているとマッチング問題に頻繁に出くわす。受験生と学校、就活生と企業、結婚相手を探す男女、商品の売り手と買い手というように、求め合うもの同士をうまく組み合わせることが目標となっている仕事は珍しくない。

マッチング問題で多様性を無視してよいのなら、問題は非常に簡単になる。例えば、ある会社の株の売り手と買い手のマッチングを考えたとき、「会社の株は普通株1種類しかない」「買い手についても個人差は考えなくてよい」のであれば、市場での競(せ)りと取引は瞬く間に終わり、株価も決まる(マッチングは終わる)。また、競りでは「可能な範囲で一番安い値段で買う」「可能な範囲で一番高い値段をつけた人なら誰にでも売る」こともできるので、参加者の満足度を最大化できる。

しかし、現実には売り手も買い手も商品も多種多様なのでマッチングには相当の時間がかかる。ここで問題を2つのパターンに整理してみよう。

① 1人の買い手に、多数の商品を何個か買わせるというマッチング問題
　重複した候補を省くことで検討を効率化し、かつ買う物同士の組合せを最適化したい。

② 多数の買い手と多数の売り手とのマッチング問題
　マッチングの組合せパターンが多すぎて、最適化が困難である。

このうち①については、**2.4節**(5)の人為的な多様性制御で述べた、採用枠の方法がしばしば使われる。たとえ優秀な候補であっても、類似物を複数個とりそろえることは重複となり無駄である。四番打者ばかりを何人も集めてもダメで、打者から投手までバランスよく組み合わせるべきである。複数個集めるのであれば、特徴が異なるものを集めるほうが多様な問題に対処できるし、長所・短所を互いに補うこともできる。そこで「採用枠」などを設定し、重複を避け、多様性を高めることになる。

さらに難しいのは②の多対多の問題である。例えば、不動産の賃貸物件のマッチングを考えてみよう。

物件は、立地や間取り、築年数、景観などと、挙げればキリがないほどの項目をもち、超高次元の特徴量で成り立つ存在である。しかも、物件ごとに特徴が異なり、例えば株の世界(同一均質の商品が多数供給される)からはかけ離れている。買い手も、家に求める条件は千差万別である。また、大家のほうから

「子連れの買い手はお断り」といった条件をつけることもある。この場合、買い手は誰でも平等ではなく、多様な存在として売り手から識別されている。

マッチングにいくらでも時間をかけてよいのであれば、すべての買い手が、すべての物件を見ることで、最適値(答え)を発見しやすくできる。インターネットの普及で、不動産物件の検索が容易になったとはいえ、インターネットでは価格や立地、間取りといった主な項目しか記載されていない。直接見に行かねばどんな物件なのか知ることはできないが、全員が全物件を見て回ることは非現実的であろう。結局、時間に追われて、数件の物件を見るだけで、疑問や不満を残しつつも、適当に選んでしまうしかない。

マッチングの理論では、すべての買い手が購入したい物件を希望の順位をつけて指定し、そこから最適解を数学的に導いていく。これは不動産の物件選びも同じで第１希望を逃した買い手にも、売り手はそこそこ希望順位が高い物件を回してあげようとするだろう。

しかし、物件の多様性が高い場合、そもそも希望順位をつけることができるのか疑いが残る。順位の甲乙がつけがたいという現象が起こるからである。また、品質が近すぎる物件同士では、当然順位がつけにくいが、これとは逆に、品質が異なりすぎて比較できない問題も多様性の世界で多発する。「夏目漱石がかつて借りていた部屋」や「すべての壁が赤い部屋」「塔の頂上にある部屋」といった物件の優劣比較は、もはや買い手の主観に任せるしかない。これらの特異な特徴は、物件を知ったときに初めて意識される項目であり、物件探しの最初から夏目漱石についての項目を立てている人はまずいない。項目が予期できないのだから、希望順位の付け方をあらかじめ決めておくことなどできず、物件の実物を体験した後にようやく考えはじめることができる。

商品特徴の「知られざる項目」(あるいは「隠れた次元」)を掘り起こすことがすべてに先立つ課題である。ここで、知られざる項目は、次の特徴をもつ。

- 潜在性：あらかじめ存在を予期することが難しい。
- 希少性：その項目に該当する特徴をもつ物件の数が極端に少ない。
- 独立性：他の項目との相関関係がなく、代替も利かない。

- 価値の買い手依存性：項目の価値は、買い手によって変わる。特異性を評価する買い手集団を特定し、その層に好かれる特異な商品を開発することが売り手の課題となる。これは「商品の差別化」とよばれる。
- 価値の二極性：物件数が希少なので、その特徴を欲する人にとっては価値が極めて高く見える。よって、この特徴があれば購入を決断するので、利幅を大きくできる。しかし、無関心な人にとっては価値がほとんどない。

これらは従来のマッチング理論で扱う対象とは大きく異なる。つまり、「どの物件にも当てはまる主要な特徴量で商品を把握し、多数が参加する競りや仲裁で最適マッチングを求める」という方式とは真逆である。

希少な特徴をもった物件とそれを求める少数の物好きの間でのマッチングでは、互いの存在を知り合うことが最大の難関である。そのため、多様性の高い物件のマッチングでは、隠れた次元を体験させることが鍵となる。

自動車の所有者は、ときどき、車検や修理などの都合で代車が必要となる。ディーラーは、ワンランク上の車を代車として提供する。顧客は上級車種を体験することで、それまで知らなかった項目に気づき、その魅力に刺激される。他の商品でも、試供品の配布や試食、無料サービス、展示会などで、未体験者に隠れた次元を知らせる努力がなされる。また、あえて奇妙な特徴をもつ商品を試作したり、地域限定や期間限定で売り出し、需要があるかを調べることもさまざまな業界で行われている。

とはいえ、隠れた次元の価値を見極めることは難しい。スマートフォンが登場したとき[11]に、多くの人々が「従来型の携帯電話で機能は十分である」と感

---

11) 1992年、米国で世界初のスマートフォンといわれるタッチスクリーン式の携帯式電話「Simon」のコンセプトモデルをIBMが発表した（Discovery：「「スマートフォン」はどう進化してきたのか」（https://www.discoverychannel.jp/0000048384/））。

2007年にはAppleが革新的な「iPhone」を発表。デザイン性の高さと説明書を読まずとも操作できる使いやすさから人気を博す。翌2008年発表の「iPhone 3G」はソフトバンクモバイル（現ソフトバンク）が国内販売を開始し、2009年にはAndroid対応のスマートフォンも発売された（総務省『令和元年版　情報通信白書』「第1部　特集　進化するデジタル経済とその先にあるSociety 5.0」）。

じ、「買う気はない」と答えた。スマートフォンを取り扱わない携帯電話会社も存在した。食わず嫌いである。2021年１月現在、大多数の人々にとってスマートフォンは生活必需品である。しかし、新しい次元なら何でも良いというものではない。鳴かず飛ばずで終わった失敗事例など山ほどある。

5.2のまとめ

意味のある多様性を探し出し、絞り、顧客が選べるように見せよ。

5.3　ポジショニング戦略

(1)　ポジショニング戦略の基本的な選択肢

ポジショニング戦略とは、「競争相手が存在する環境で、自分や自社の得意分野を見つけ出し、その地位の占拠を企画すること」である。

従来的なポジショニング戦略では、市場のシェアを重要な要素とし、これに着目して方針の意思決定をする。このとき、選択肢としてよく挙がる戦略は、次の３つである。

① 主導権獲得戦略：需要の多い分野で標準品を主体にシェアを伸ばし、「規模の経済性」から優位な地位を築く。規模を求め続けると究極的には、隣接する分野にも進出し、幅広い市場を制するという全方位戦略になる。

② ニッチ戦略：自社の商品の特異性を武器として、小さいニッチな市場のなかでの優位性を確保し利益率を最大化する。商品の特異性を強め、そこから競争力を得ることを**差別化戦略**とよぶ。

③ 自己の境界の適正化：垂直統合、水平統合、提携、分社化、撤退、買収、参入などにより、利のある部分は取り込み、効率の悪い部分は切り離す。特に、自分の得意分野に集中させることを**選択と集中**、あるいは

集中戦略とよぶ。

どの戦略を選ぶかは、自分の得意とする分野がどれくらい広いかによる。もともと広い分野で強ければ、主導権獲得戦略により利益を最大化する方針が選べる。狭い分野でしか競争力がないなら、得意分野だけを狭いながらも深く掘り下げるニッチ戦略が、他社との競争にさらされにくく、効率的である(**図5.2**)。得意分野の育成は、一から始めると膨大なコストがかかるが、合併や分社化といった境界の適正化を使えば、ごく短時間で自社の得意分野を切り替えることができる。

人材としての個人についても、自分自身の優位を最大化するために、伸ばすスキルを決め、自分の守備範囲を確定するというポジショニングを考えねばならない。商品の企画も同じで、「競合は多いが需要も多い標準品を目指すか、逆に競争が穏やかなニッチで特異性を売りにした製品で勝負するか」という選択肢がある。

かつての財閥のように、資源や能力が潤沢に余っている場合は、主導権獲得戦略が可能なので、慎重なポジショニング戦略の必要性は薄い。大資本を元手にあらゆる分野に次々と手を出す、全方位戦略で事足りる。規模の経済性が得られる限りは、全方位戦略は正しい。企業規模が大きければ信用が増すし、取

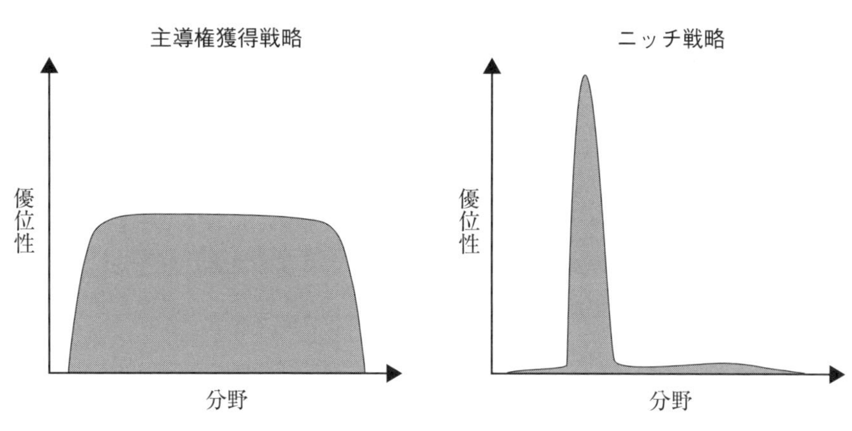

図 5.2　主導権獲得戦略とニッチ戦略の優位性配分の違い

引条件は大口ゆえに有利になり、事務部署や建物などの基盤部分を共用して使い回せる分、効率がよくなる。たとえ、競合者が存在しても、規模の経済性をテコにして、価格競争で勝てばよい。

とはいえ、全方位戦略には害もある。利益率の悪い分野にも参入して資源を投入するので効率的ではない。また、巨大な組織は管理や意思統一が難しく、部署間やグループ会社間で利害の不一致や競合が起こり得る。特定の財閥や系列に属していないほうが、幅広く取引できるので都合がよい場合もある。結局、事業範囲は何らかの広さに達すると割に合わなくなり、シェア争いは落ちつくことになる。

主導権獲得戦略の行き着く果ては市場の独占だが、現実では珍しい状態である。業界一位の企業であっても、零細な小口需要まで完全に独占することは効率が悪いし、独占禁止法や外国政府の自国産業保護政策などの公的な規制もあるからである。

(2)　特異性が競争力の根源に

シェアを広げるという目標は企業として当たり前のものであったが、市場が成熟するにつれ、より多くの市場でシェアを獲得するよりもニッチでの強さを求める傾向が強くなっていく。実際、日本の高度成長期[12)]では、各財閥が全分野の市場でシェア争いをしていたが、現代は財閥の壁を越えた合併が頻発し、得意分野以外は売却することが当たり前になっている。

主導権獲得戦略は次の3段階で衰退し、シェア獲得から多様性制御へと戦略の重心が移っていく。

①　第一段階：シェア拡張のメリットが減り始め、差別化戦略が台頭する。

企業同士が類似商品を出し合い、顧客を争奪するよりも互いに個性の違う商品を出して棲み分けを図る。成熟した市場では、顧客が求める標

12)　「1960年代の日本経済は、明治維新以来の日本の経験に例がなく、諸外国にも類をみないほど、急速な経済成長を遂げた。…(中略)…この時期ないしこの時期を中心とした十数年間を高度成長期という。」(『世界大百科事典』)

準品のイメージが確立して、どの会社も大差ない製品を出し合う状況になる。例えば、乗用車はどの社のものも乗用車であって、基本的機能に大差はない。そのままでは安売り競争の消耗戦(**レッドオーシャン**(血の海)ともいう)に陥ってしまう。

そこで、各社は自社製品の特異性をアピールし、あたかも会社ごとに大きく違う製品であると見せかける努力をする。デザインや、付帯的機能、景品、広告などで特異性を出し、差別化させ、目立たせて、顧客が商品の存在を認知しやすくする。

② 第二段階：特異性を求めて、本質的に商品が多様化する。

差別化の果てに、標準品とは相当に内容が異なる商品が開発され、それが特殊な顧客層の需要を得る。例えば、鉛筆の標準品は硬度HBのものである。一方、6Bや6Hの鉛筆は用途も顧客層も全く異なるため、HBと同じ市場として扱うべき商品とはいえない。特異化し顧客層を得た商品は、標準品とは切り離された市場を形成することになり、需給や利益の構造も別物になっていく。実質的に別商品となってもなお、十把一絡げ(じゅっぱひとから)げに同じ商品として市場シェアを気にしても意味はない。

③ 第三段階：既存の需要や顧客層を細分化するのではなく、未知の顧客層を創り出していく。

万年筆は、かつては多くの人々が標準的な筆記具として使っていた実用品だが、今では装身具的な商品となっている。ガソリンは、19世紀では灯油の製造過程でできてしまう副産物で、せいぜいシミ落としの洗剤に使える程度のものであったが、自動車の登場で燃料の主役となった[13)]。経営学者ドラッカー(1909～2005年)は、「企業の目的とは顧客の創造である」と述べている。無から新市場を作ることこそ、ニッチ戦略の究極の成功であり、企業が真に努力するべき目標といえる。

競争参加者数に比べて、ニッチの数が多ければ、各社は熾烈な競合を避けて、

13) 「自動車が開発されたのは19世紀後半の1880年代中ごろで、20世紀に入ってから、徐々に一般市民へ普及が始まった。」(『日本大百科全書』)

ばらばらの方向に進み、競争相手の少ないニッチに逃げ込むことができる。大海原を、互いにぶつからずに広々と泳げる**ブルーオーシャン**の状態である。これは、画期的な新技術が登場した当初のタイミングだけで可能である。技術の可能性が見えており、しかも競争参加者がまだ少なく、早い者勝ちという希少かつ恵まれた時期である。2000年頃のインターネット勃興期の「ドッドコムブーム」や、2012年以降の「人工知能ブーム」はそのような時期であった。

生物の世界では、安売り合戦のような単純な競争を避け、競争相手との棲み分けを目指すという傾向が色濃い。生物種は、どこに住み、何を食べるかというポジショニングの競争で勝ち抜いていかねばならない。結果として、膨大な多様度を生むことになったが、自分自身の特殊性を伸ばしてニッチを確保する戦略の強さがここからもわかる。

さて、特異性を創出する手法を考えてみよう。

商品の特異化を考える場合、**特徴スペクトラム**という図を作って考える。例えば、鉛筆なら、**図5.3**のような図を作る。横軸方向には、商品の特徴の項目をできるだけ多く想起して並べる。項目数が検討範囲の広さに直結するので、

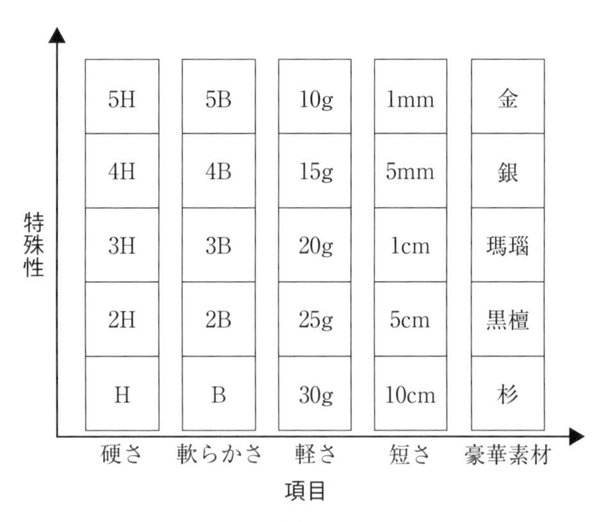

図5.3　鉛筆の特徴スペクトラムの例

これを多く挙げることが肝要である。

縦軸方向には、特徴項目それぞれについて、そのあり方を平凡から極端までグラデーションで並べてみる。例えば、硬さなら平凡なHBに始まり、2H、3H……と、やりすぎなものまで考えられる。

特徴スペクトラムの枠組みができたら、現行の商品が、どのようなスペクトラムをもっているか、図を塗りつぶして可視化する。こうすることで、商品の特徴を多角的かつ定量的に測ることができる。

平坦なスペクトラムをもった商品は、無難な標準品ではあるが特異性に乏しい。また、競争相手との争いに巻き込まれるリスクが高い。逆に、いずれかの項目にて際立った峰がある商品は、極めて個性的といえる。ただし、標準から外れるので需要が小さくなる恐れがある。既に需要を得て、ニッチ製品としての地位を固めているのならば、競争の少なさを追い風に利益を得やすい。

現行の平凡な商品を特異化するには、まず項目のどれか1つを極端に伸ばすことを考える。平凡な値から大きく外れると、新たな需要を呼び覚ますチャンスを得られるかもしれない。例えば、芯の長さが通常の10分の1と極端に短い鉛筆は、一見すると役に立たないようだが、ゴルフのスコア記録用の使い捨て鉛筆[14]として独自の商品となる。

また、他社商品との比較も一つの手である。特徴スペクトラムは、商品が市場において占めるポジションを多次元の座標で表したものといえる。「他社商品が占める位置の周りは避けて、まだ誰も手をつけてない空いている座標を探ってみる」という戦略は、商品企画でしばしばとられる。

奥の手としては、「競合する各社が特異化に走り、それぞれピークの鋭い商品を市場投入してきたら、逆を突いてすべてを平凡なスペクトラムにする」と

14) 例えば、岡屋が1974年に開発した「ペグシル」がある。開発以前はゴルフ用に使われていたのは4～5cmの短い鉛筆だったというが、これでは手の平に入ってしまうために極めて書きにくく、芯も折れやすい。また、ポケットに入れると、ティーやマーカーと混ざって出しにくく、ポケットが真っ黒になるという欠点もあったという。「ペグシル」はゴルフ鉛筆以外にも、スコア鉛筆、使い捨て鉛筆、アンケート用鉛筆などの多様な用途で使われている（岡屋：「ペグシルの歴史」(https://pegcil.co.jp/history/index.html)）

いう戦略もある。派手なデザインや突飛な機能をもつ商品群のなかに平凡なものがあると、かえって目立つものである。超平凡主義は極端主義の一種ともいえる。家具や家電製品の市場で、地味なデザインの標準品をとりそろえるという戦略があるが、癖がない分、併売する商品同士でコーディネートがしやすいという利点も生まれる。

企業や自分の特異化を企画する方法も、商品の場合と同じである。特徴スペクトラムを作り、自己の現状を可視化し、鋭いピークを立てることを狙うのがセオリーである。個人でも法人でも、顧客との関係について多くの項目を立てることができる。顧客に対して、「オーダーメイドで売る」「短納期を約束する」「保証を強化する」「コンサルティングを提供する」というように、商品以外の部分での検討事項は多い。

5.3 のまとめ

自己のポジションを把握し、シェアではなく特異性を競争力の根源にする。

5.4 取引相手の多様性

(1) サプライチェーン上の隣人との共進化と固定化

企業にせよ生物にせよ、「どこから買い、どこに売るか」というサプライチェーン[15]や、「何を食べ、何に食べられるか」という食物連鎖といった、物の流れのなかで活動している。よって、個体だけを単独で観察するだけでは不十分で、流れの上下との関係に目を向ける必要がある。

15) 「企業の製品や中間財部品の物流システムを一企業に限定するのではなく、複数の企業間でシステムを構築し、物流上のリスク分散や適地生産など、経営の合理性を高める管理システムのこと」(『情報・知識 imidas 2018』)

ここで、「サプライチェーンを固定化するか、あるいは逆に不安定化させ多様化するか」という選択が問題となる。どちらにも一長一短がある。

まず、サプライチェーンの固定化を見てみよう。決まった相手とだけ取引する現象である。これは、効率と安定をもたらす利点がある。

ニッチの獲得においては、しばしば固定化が起こる。特定の花の花粉だけを集める虫が存在するが、しばしば相手の花もその虫だけを優遇している。自分専門の虫だけが来てくれるほうが花粉の授受の効率がよいからで、サプライチェーンから他者を排除し固定化しているといえる。このように片方だけが特殊化するのではなく、両者が共同して特殊化するのが**共進化**である。人間の世界でも、店は顧客にポイントカードなどの特典を与え、常連客になってくれるように囲い込みの誘導をかけるものだ。

ビジネスにおけるニッチも、自己の変革のみではなく、サプライチェーンの上流・下流に位置する、仕入れ元や得意先といった相手との関係の特殊化によって発展する。固定化した取引相手間の取引は、他社が割って入りにくいから安定性があり、繰り返し同じ製品を生産・購入することによる習熟と効率化、そして信用の創造も見込める。こうしたメリットに誘引されて、サプライチェーンの固定化が進むと、系列化[16]や垂直統合[17]に至る。

特注品を発注する場合、馴染みの取引先なら受けてくれる可能性が高い。一方、取引実績のない業者に急に頼んでも、コストや手間がかかるうえに、製造失敗の恐れもある特注品には乗り気にならないだろう。「一見さんお断り」の状態である。特注品を得るにはサプライチェーンの固定化がある程度は必要となる。

ただし、サプライチェーンの固定化には害もある。例えば、価格決定に競争性がなくなる。それどころか、そもそもの適正な価格を知ることも難しくなる。

16) 「企業相互間で日常的な取引関係以上のつながりのできること。資本参加、融資または生産、流通面での相互依存などにより結ばれる。」(『日本国語大辞典』)

17) 「企業が製品やサービスを供給する際、部品製造などの上流部門から販売などの下流部門に至るサプライチェーン(供給網)のうち、必要な工程を企業統合などにより自社(やグループ)に取り込むこと。」(『情報・知識 imidas 2018』)

強固な系列は運命共同体になっているといえる。サプライチェーン上のほんの一部でも危機に陥ると、全体もすぐに行き詰まる。ユーカリがなくなれば、コアラは直ちに食べ物を失うのである。影響がダイレクトに素早く伝達し、回避が難しくなるが、これは大きなリスクといえる。災害などで、サプライチェーン上の１つの工場が操業不能になっただけでビジネス全体が止まるという現象も、しばしば目にする。

系列化が強まると、現行のビジネスに自社も仲間も最適化されてしまい、身動きがとりにくくなる。新たなビジネスチャンスが生まれたとしても、それに合わせて自己を変えたり、系列から抜け出すことは難しい。社会や技術の大規模な変化には、「石炭から石油へのエネルギ革命」や「フィルムカメラからデジタルカメラへの交代」「インターネットの出現」などがある。しかし、実はこれらが発生すること自体は事前に予見もされていた。例えば、デジタルカメラは1980年代から試作機が登場しており、本格的なブームとなる2000年代まで約20年の予告時間があったといえる。こうした時間的な余裕があってもなお、旧来の分野に留まり続け、市場の乗り換えに失敗した企業は数多い。過度な効率化や、制度の強固さは、外的変化に対する脆弱性を生むのである。

圧倒的に競争力をもった独占企業が、サプライチェーン上に存在すると、嫌でもその会社と固定的に取引せねばならなくなる。価格決定権は独占企業の支配下に置かれるし、突然に無理な条件を突きつけられるホールドアップのリスクもある。この場合は、独占禁止法にもとづく政府の介入を待つか、代替品を見つけ出して独占から逃れることを画策するしかない。

(2)　サプライチェーンの多様化と競争性

サプライチェーンを多様化することは、価格決定に競争を生み出すから、合理的といえる。

代表的な手法としては、複数の候補を同時に競わせる入札や、１社にすべてを発注せず、あえて量を分けて２社から買う**２社購買**がある。量が分けられない場合は、前回とは別の業者を指名する**交配発注**を使う。交配発注をすると、売り手業者に「トラブルを起こせば、将来の取引がなくなる」という緊張感を与えやすく、品質を高めさせる効果が期待できる。「分割して統治せよ」[18]と、ことわざにあるとおり、1つの相手にすべてを任せるよりは、ライバル同士で競わせるほうが、自分に有利となる。

逆に、自分自身を競争に投げ込むことで、取引相手の警戒感を解くことも行われる。広く産業の基盤となる工業規格やソフトウェアの開発では、ライバル企業同士も共同して参加し、誰でもオープンに使えるものとして世に出す事例が多い。特定の1社が権利を独占しているものは、ホールドアップされる危険があり誰も買いたくないからである。

複数の相手との取引をしていると、特注品ではなく標準品での取引が主体となる。異なる相手にも通用する商品を取引するので、特定の顧客だけに対応する特注品は出番が減る。だが、標準品だけで世の中の多様な需要をすべてカバーすることは難しい。そこで、標準品同士が組合せ可能であるモジュール設計としたり、標準品に取り付け可能な付属品やオプションを用意することで、商品の多様性を製造後からでも作れるようにする。

「標準品はあるにはあるが、その量が少なく、多種多様な商品が乱立している」という市場もある。そのような場合であっても、標準品は基準としての重要性をもつ。標準品の価格や品質、内容を比較の基準とすることで、顧客は自身が購入する商品の構成に目安をつけ、円滑に取引できる。この目的で、基準をわざわざ作る努力がなされる。

多様な商品の取引のための基準商品の例は枚挙にいとまがない。自動車を購入するとき、顧客は標準仕様での価格を比較して車種を選ぶが、実際に買うものはオプションなどがあれこれついて標準品と違うものになりがちである。住

---

18) 「支配者が被支配者を分割、すなわち被支配者の団結を妨げて分裂させ、それをもって統治を容易にさせようとすること。「分割して統治せよ」ということばは、元来は古代ローマ帝国のその支配地域における統治術をさしたものである。…(中略)…こうした統治術は植民地時代に欧州列強によって用いられ、イギリスやフランスなどは分割統治を原則として植民地住民を統治した。」(『日本大百科全書』)

この実例は、**2.4節**(5)脚注43(p.85)に示したベルギーによるルワンダの植民地政策をはじめとして、枚挙にいとまがない。

宅メーカーは住宅展示場で標準的な商品構成例であるモデルハウスを展示しているが、そもそも顧客がモデルハウスそのままの家を立てられる敷地をもっていることは稀であろう。原油市場では、Western Texas Intermediate（WTI）という銘柄が、長らく標準品とされてきた。米国内に産する汎用性の高い原油であるから、中東情勢といった価格変動要因の影響を受けにくく、プレーンな銘柄である。他の銘柄の価格を決める際に、WTIの価格は基準としてうってつけである。ただ、WTI自体は、米国内の一部地域だけで生産されているから、その量は全体から見れば極めて少ない。

土地は、活発に取引されず価格を測りにくいうえに、近い土地同士であってもさまざまな要因で価格差がつく。だが、税制の都合上、基準となる価格を決めねばならないので、政府が基準となる公示地価をわざわざ算定している。

基準品の重要性は、市場の商品が多様であればあるほど増す。顧客は基準品との差でしか商品の価値を把握できず、大きすぎる差や複数項目におよぶ差は評価を混乱させる。自社商品に全く斬新な特徴を与えたところで、突飛なイロモノ商品と思われてしまう。トップブランドをもつ会社は、基準品を世に出せる地位にある。つまり、基準品の内容を自身でコントロールできるから競争力があるのである。

標準品や基準品との差としてしばしば取り上げられるのは、取引条件やアフターケアなどのサービスである。商品本体はでき上がった後から変更が難しいのに対し、サービスなら工夫次第でいかようにも変えられるので特色を出しやすい。

また、顧客は標準仕様品での価格の比較には敏感であるが、後づけのオプションだと多種多様なので比較が煩雑になるため鈍感になる。「標準仕様品の価格比較の段階で特定の商品を選んでもらい、後からあれこれオプションをつけていく」という戦略なら、標準仕様品の価格から値段が徐々に上がっていくが心理的な抵抗を受けにくい。相手の飲みやすい条件でいったん交渉を成立させ、後から徐々に要求を上げていく、「foot in the door テクニック」である。

さて、サプライチェーンの固定化と多様化のどちらが優れているだろうか。

固定化は、大きなメリットをもち得るが、環境の変化に対して脆弱という欠点が、時代とともに大きくなってきている。技術の進化は加速する一方であるから、今その市場が栄えているとからとって、10年後まで安泰であるという保証はない。サプライチェーンの多様化を確保して、身軽になり、変化に適応するほうが、現代に合っている。

5.4のまとめ

商売相手の固定化と多様化は一長一短。環境変化に対する柔軟さに注意せよ。

5.5 安全とセキュリティのための多様性

安全もセキュリティも、人間による意図的な脅威を相手にするかしないかの差はあれど、被害を防ぐことを目的とする点では同じである。

多様性はここでも大きな役割を果たす。

(1) 多重化による安全と多様化による安全

ロープを使って、壁をよじ登るとしよう。ロープが1本だけなら切れただけで墜落してしまうので、2本、3本とロープを増やしたくなる。本数が多ければ、1本が偶然に故障しても全滅には至らないから、ロープの本数を増やすほど墜落事故の発生確率は低くなるはずである。この発想を多重化という。

だが、多重化には深刻な欠点がある。いくら多重化しても、たった1つの原因で、すべてが同時に機能を喪失する**共通原因故障**のリスクからは完全に逃れられないのである。

日航機による御巣鷹の尾根への墜落事故(1985年)では、油圧系統は4本に多重化されていたにもかかわらずすべて同じ一撃で失われた。4つの配管が集中してしまう箇所があり、そこを破壊されたのである。福島第一原子力発電所事故(2011年)では、多重化されていた電源がすべて失われた。電源は複数系統用意してあったが、津波がすべてを一気に飲み込んでしまったのである。

社会インフラなどの重要な設備の操業では、運転員を複数人配置して、労力分担に余裕をもたせている。だが、伝染病が流行すると、職場で感染が広まって、運転員全員を襲うかもしれない。運転員は皆、同じ生物(ヒト)なので、同じ病気にかかるのである。

「工場にあるコンピュータがすべて同じソフトウェアを使っている」という状況は珍しくない。しかし、そのソフトウェアに感染するウィルスが侵入すると、すべてのコンピュータがダメになり、工場全体が破綻する。共通原因故障から逃れるには、「同じ物のスペアをより多く」という多重化ではなく、「そもそも種類が違うものをより多く」という多様化の発想が必要になる。

多様化の代表格に*N*バージョンプログラミング(*N*-version programming)という手法がある。欠陥(バグ)があってはならない重要なソフトウェアを製作するときに、*N*個の開発元に同じ仕様書でソフトウェアの開発を発注する。1つで足りるものを*N*個も買うのだから一見すると冗長ではある。その一方、「ソフトウェアにはバグが潜んでいるであろうが、その潜伏場所は開発元ごとに一致せず散らばっている」と期待できる。稼働時には、*N*個のソフトウェアを同時に稼働させて、同じ出力を出すか見比べる。バグがあるソフトウェアは、他のソフトウェアとは違った出力を出すだろう。多数決をとり、少数派の出力は故障の値として無視し、多数派の値を採用する。

バグの発生位置が真にばらばらであるなら、1つのバグが事故につながる確率をかなり押し下げるはずである。しかし現実には、確率は思ったほど小さくならない。ソフトウェアの仕様書自体に間違いがあると、*N*社すべてが同じく間違ったものを作ってしまうからである。また、仕様書が正しくても、開発者が間違えてしまうかもしれない。人間の思考は引っかけ問題には弱く、同じ勘違いをする傾向があるからである。「群馬県の県庁所在地は、横浜か、高崎か？」というクイズを出されると、多くの人が「高崎！」と間違った答えを出す(正解は前橋である)。こうした事情のせいで、「複数社が同じ場所で同じバグを作ってしまうので、多数決が役に立たない」という状況が起こり得る。これは共通原因故障ともいえる。

こうした理由から、多様化すれば共通原因故障のリスクが減る可能性はあっても、完全には逃れられない宿命があるといえる。方式を変え、人を変え、設置場所を変えても、それらすべてを同時に攻撃する脅威は、何かしらあるものだ。「そんな脅威はないはず」と思ったところで、それは神ならぬ設計者が想像できていないだけである。

よって、すべてが共通原因故障で破綻し得ることを前提として、それに対処する奥の手を考えねばならない。例えば、飛行機で全油圧系統が故障して舵が利かなくなった場合、「左右のエンジンの推力に差をつけて進行方向を制御する」という対処法が編み出された。これは、1989年アイオワ州スーシティ(米国)と2003年バグダッド(イラク)での事故の際に使われている。また、原子力発電所の全電源喪失に対しては、外部から発電車を連れてきて給電する対策や、無電力でも炉心に注水できる装置にするといった備えがなされている。

(2)　識別と真贋判定

セキュリティでは、敵味方の識別が必要となるが、そこで多様性が役に立つ。人間の顔や名前、指紋、手形、声紋、光彩、筆跡など、個人ごとに異なり、ダブりが少ないものを利用して個人識別をしている。古いコンピュータシステムでは、パスワードとしてたった4桁の暗証番号を使っているが、これだと多様度が足りない。今どき4桁のパスワードでは簡単に破られてしまうので危険である。

昔は、認証のために「割符」というものが用いられた。板などを2つに割り、片方は通行人にパスポートとして与え、片方は関所の門番に持たせる。関所では、破片がぴったり合うかを確かめることで、有効なパスポートであるかをチェックできる。割符は偽造が難しい。破片は偶然任せに複雑な形に割れているから、それを複製することが難しいのである。

人為的に複製できないという特徴はセキュリティ上では非常な利点である。現代でも鍵として使われる集積回路において、物理的複製困難機能(Physical Unclonable Function：PUF)を採用しているものがある。現代の技術をもってすれば同じ集積回路を量産することはわけなくできるが、そこをわざとばらつきが出るように作る。例えば、ある集積回路には２つの配線ＡとＢがあって、配線Ａを伝わる電気信号がＢよりも速く伝達すればＡのランプが点灯し、Ｂのランプは消えるように回路を組む。逆にＢのほうが速ければＢが点きＡは消えるとしよう。このとき、ＡとＢとを配線の長さが同じになるように設計して製造する。「ＡとＢへ同時に信号を流したときに、どちらのランプが点くか」は、設計上は互角の条件であるので予想できない。製造時のわずかなぶれによってＡとＢとで電気伝導に僅差がつき、どちらか片方だけが点くことになる。このような偶然任せの部分を大量に備えた集積回路を量産すると、各々の挙動はばらばらのものとしてできあがり、同一物はおそらく出現しないだろう。同じ物を複製しようとしても困難なので、この世に１つだけの鍵として使えるのである。

逆に、真贋(しんがん)の判定では多様性は邪魔になる。紙幣の真贋は、基準となる本物との特徴の一致の度合いで判定することになる。しかし、市中に流通している紙幣は折れたり、汚れたりしており基準から差が出てしまう。世の中に出回っている真札は多様なのである。汚損によって生じる特徴は無視しつつ、真札でなければ備えられない特徴を拾い上げ、真贋を判定する必要が出てくる。

このようにセキュリティと多様性の関わり方は極端である。パスワードは、多くの人や物事を識別するためにその量に見合った多様度が必要である。同時に、照合の際は本物以外をすべて不適合にできる、多様度がゼロの判定が理想となる。

(3)　ハッシュ関数による真贋判定

ハッシュ関数(hash function)という用語が、セキュリティ分野では頻繁に出てくる。これは、(実現できるかはさておき)理想的な特徴として次を有している。

① いかなる入力に対しても、入力に固有の番号(ハッシュ値という)を出力する。つまり、背番号を決めてくれるのである。例えば、「あいうえお」という入力に547番と出力したり、源氏物語全文を入力したら12番と出力する。長さがゼロの空の入力に対しても871番などと何かしらの背番号をつける。

② 同一の入力には常に同一のハッシュ値を出力する。番号づけは完璧に再現され、ランダム性はない。

③ 入力が異なればハッシュ値は異なる。番号にダブりはない。また、逆も真なりで、「ハッシュ値が異なれば入力は異なる」「ハッシュ値が同じなら入力は同一である」と保証される。

④ 入力と出力の変換法則を簡潔に要約することができない。ハッシュ関数を使わずに、入力からハッシュ値を推測することが不可能である。例えば、類似している入力同士であっても、そのハッシュ値は近い値になるとは限らない。入力のわずかな差は、ハッシュ値では大きな差になる。さらに、逆変換(ハッシュ値から入力を逆算すること)も不可能である。ハッシュ値が近いからといって、入力の内容が類似しているとはいえない。

これら以外にも、「ハッシュ値の下限と上限は指定できる」といった特徴を追加する場合もある。逆に、上記の特徴を一部取り除いたものをハッシュ関数とよぶ場合もある。用途に応じてハッシュ関数の定義が多少変わる。

上記の条件を吟味(ぎんみ)してみると、理想上のハッシュ関数は実現できないことに気づく。「入力と出力との対応の規則性が全く見破られない、ランダムではなく規則に従った関数」という条件には矛盾がある。「ハッシュ値にダブりがないように1対1の対応を管理する」という条件も実現するのは難しい。現実には、入出力の法則が露見したり、違う入力なのにハッシュ値がダブってしまったりといった不始末が起こる。ただ、実用レベルのハッシュ関数は簡単には失敗しないように作られている。

ハッシュ関数は何をするものであろうか。

「完全に同一の入力以外は、たとえ小さな差ですら許さず、全く別の背番号をつける」という特徴を利用して、改ざん検出器として使われる。源氏物語全文のハッシュ値が12番だとしても、源氏物語からたった1文字抜いた文章のハッシュ値は12番とは似ても似つかぬ、例えば813592番といった値になったりする。この性質を利用して、データの改ざんを見破るために、本文の比較ではなくハッシュ値を比較する。1文字の差でも大きな差になるので見分けやすい。また、ハッシュ値が変わらないように改ざんすることは、理想上のハッシュ関数を仮定するなら不可能であるし、実用レベルのハッシュ関数においても極めて困難である。

また、ハッシュ関数は「何通りもあり得る入力に対し、一つひとつに必ず固有の背番号をつける」特徴から、優秀な命名家といえる。名前を大量に作らされると、つい過去に使用したのと同じ名前をつけてしまう。地名でいえば、「府中市」「伊達市」「中央区」「北区」は複数存在しており、まぎらわしい[19)]。理想上のハッシュ関数ならば、同名をつけることがなく、便利である。

理想上のハッシュ関数は、入力と出力との関係の法則性を教えてくれない。よって、「ハッシュ値が6427番になる入力は何だ？」と言われても誰にもわからない。できることといえば、いろいろな入力をやたらと試し、いつの日にか6427番が出力されることを待つだけである。しかし、この問いが出される前に、ある人が何かを入力して、そのハッシュ値がたまたま6427番であった場合、本人確認用の問いとして使える。この問いの答えを知っているのは、この世にその人だけだからである。

ハッシュ関数によって、ダブりのない識別を可能にする膨大な多様度を生み出し、多様度ゼロで完全な本物だけを判定するという、多様度のフル活用ができる。

---

19) 「府中市」は東京都と広島県、「伊達市」は北海道と福島県にある。特別区・行政区の名称としての「中央区」は10都道県で、「北区」は12都道府県で使用されている。

(4)　見た目の多様性による真贋判定

ハッシュ関数に比べると科学の程度はぐっと落ちるが、見た目の多様性も情報セキュリティでは大事である。

スマートフォンで使うアプリのなかには、人気のアプリに見た目や名前を似せた偽物がある。間違ってインストールさせて良からぬことをしようというのである。ウェブサイトや電子メールも、本物そっくりの見た目にして、相手を信用させ罠にかけるという攻撃手法がある。人間の通常の注意力では、そっくりさん詐欺にだまされても仕方がない。インターネット上の画像や文章はコピーし放題であるから、見た目も本文も本物そっくりの偽物など簡単に作れる。

そのため、人間だけに判断させず、コンピュータのほうで情報を分析し真贋を判定して、操作させないという対策が、現代では主流となった。

(5)　情報の秘匿

情報の秘匿と多様性の関係について3つの例を挙げよう。

1)　匿名性の保護

識別も行き過ぎると都合が悪いことが出てくる。自分の顔画像や指紋のデータを当局がもっていると、街を出歩くだけで特定されてしまいプライバシーが筒抜けになる。自分自身が特定されてしまう個人情報は、なるべく作られないようにしたいものである。また、データをもつ企業としても、漏洩などしたら大騒動になる個人情報を無駄にもちたくはない。

とはいえ、データだらけの現代社会では、個人の行動を特定することは簡単である。店で買い物をしただけで、日時、場所、性別、年代、購入商品、ポイントカード番号などが、記録に残ってしまう。こうした情報が蓄積されてくると、買ったのは誰であるかを特定できる可能性が高まる。それはマーケティングには有益な情報であるが、このままでは取扱注意の個人情報であるので、安易に取り扱うわけにはいかない。

1.1 節(4)で触れたように、プライバシー保護については k-匿名性という概念がある。データに記載された人物を特定しようとしても、最低でも k 人の候補者が存在するようにデータが粗いことである。

「AかつBかつCかつD」というデータのカテゴリがあったとする。ここまで論理積を積み重ねると該当者はどんどん絞られ、下手をすると1人だけしかいないかもしれない。それでは人物を特定できてしまう。そこで、「AかつBかつC」とカテゴリの条件を緩め、人数が増えるようにする。コンピュータに自動で点検させて、該当者が k 人よりも少ないカテゴリを見つけたら、それを他のカテゴリと合併させる。情報の精度を落とすことで、特定を防ぐのである。

2)　パスワードの保管における多様性の利用

対象が1つだけに特定されないようにデータにぼかしを入れるという工夫は、パスワードの世界でも基本となっている。

パスワードを使って認証する際に、門番役のコンピュータは答え合わせのために、顧客のパスワードを一覧表にもっていなければならない。だが、一覧表にパスワードをそのまま記録しては危険である。もし一覧表が外部に漏洩したら、顧客のパスワードがばれてしまい大騒ぎになる。実際、そういう間抜けな事故はたびたび起き続けていて、漏れたパスワード一覧表は闇のウェブサイト(ダークウェブ)[20]で販売されている。ちなみに、そこには筆者の名前と使っていたパスワードも載っている。

では、「一覧表にパスワードのハッシュ値を記載する」という作戦はどうであろう。これなら、たとえ一覧表を見られても、パスワードそのものは逆算できないから安心できそうだ。門番は顧客が告げたパスワードをハッシュ関数に入力し、そのハッシュ値を一覧表のものと比較すれば、事は足りる。

しかし、これには落とし穴がある。パスワードそれぞれが固有のハッシュ値

20)「インターネット上に存在はするものの、隠れた秘密の場所におかれ、匿名化が守られていて、だれが作成し、だれが所有しているか、あるいはだれが接続しているか見えない仕組みになっているサイト群のこと。ダークウェブは、一般的なブラウザーでは表示できず、暗号で匿名化が確保されているTor(トーア)ネットワーク専用のブラウザーなどを用いる必要がある。」(『現代用語の基礎知識 2019』)

に、1対1に対応していると危険である。一覧表を見れば、ハッシュ値が同じ人は同じパスワードを使っていることがばれる。また、「パスワードとしてありがちな言葉についてだけハッシュ値を計算しておき、一覧表にそれがないか探す」という攻撃がされてしまうかもしれない。

これを防ぐために、「パスワードにランダムな文字列を加えてからハッシュ値をとる」といった工夫がなされる。こうすれば、パスワードとハッシュ値の対応関係が複雑になり、逆探知を妨げる。

3)　データの多様性を隠れ蓑にして、秘密の情報を入れるテクニック

画像や動画のファイルは、たいていメガバイト(MB)やギガバイト(GB)といった桁のサイズをもっている。しかし、巨大なサイズは本質的に必要というわけではない。ファイルには、画像の意味を人間が認識するうえで必要な情報と、画像を高精細で綺麗に見せるための情報とがある。ファイルのサイズを大幅に圧縮して画質を落としても何の画像であるかくらいはわかる。圧縮の際に犠牲になるのは、綺麗に見せるための情報だけだからである。

こうして「綺麗に見せるための情報を人為的に少し書き換え、何らかのメッセージを埋め込む場所として使う」という発想が成り立つ。例えば、「画素の輝度(きど)の高周波成分を、ばれない程度に変化させる」といった細工をする。平易に言えば、特定のパターンの細かい色むらをわずかにつけるのである。画像の大勢はほぼ同じであるから、一般の視聴者は何か書き換えられたかに気がつかない。「画素の輝度の高周波成分に注目せよ」と、あらかじめ目のつけどころを教えられない限り、ばれないだろう。しかし、目のつけどころを知っている人ならば、フーリエ変換などの数学的処理をほどこして、高周波成分にある作為を検知することができる。

こうして、部外者には気づかれない形で、秘密のメッセージを書き足した画像を世界中の人々に公開しても、そこに伏せられたメッセージを取り出せるのは、解読法を知っている仲間だけとなる。これはスパイとメッセージを交換するのに使える。

あるいは、画像ファイルに「この画像の著作権者は○○だ」や「この動画は○○さんが買ったものだ」というメッセージを仕込んでおけば、隠されたメッセージが真の著作権者や所有者が誰であるかを表示してくれるので、無断複製や情報漏洩の出所を特定できる。これを電子透かし(digital watermarking)という。

多様性がなさそうなところ、つまり情報がなさそうなところに、こっそり多様性を作って、秘密のメッセージを埋め込む暗号術をステガノグラフィ(steganography)という。例えば、パソコンで横書きの文書を作ると、文字は水平に綺麗に並べられる。ここで、特定の文字を0.1mmだけ上にずらすと、一般人が見ても気がつかないが、こうした文字位置の凸凹があればメッセージを運ぶには十分である。

ピリオドは小さな点であり、その形には多様性などほとんどないように思われる。だが、顕微鏡で拡大して見てみると、ピリオドのように見えた点は実は極小サイズの写真であって、中にびっしりと秘密のメッセージが書かれているかもしれない。これはマイクロドットという手法だ。例えば、紙幣ではただの線に見えるものが、実は極小の文字列になっている部分がある。

以上のように、情報の秘匿は、データをもろとも消すという単純な話では済まない。データを活用するために、「データのなかの価値のある部分は残し、匿名性や機密性を脅かす部分は消し、安全を守るための情報を足す」というデリケートな処理が必要である。このとき、多様性は中心的な要素となる。このように、多様性を操る技術が、セキュリティと利便性を両立させている。

5.5のまとめ

多様性は、故障への備えや、識別と認証、情報の隠れ蓑に活用される。

あとがき

本書の主張を総括するには、データサイエンスの歴史を振り返ってみるのがよいだろう。

昔は電卓がなかったので、人力で計算可能な範囲でしか分析できなかった。平均を求めることですら一仕事で、「仮平均」を経由して計算するというテクニックが常識であった。仮平均など、今や小学校のテスト以外は使い道がないテクニックである。

1980年代以降、いわゆる「関数電卓」(計算の段取りをプログラムして自動化できる電卓)が普及して、ようやく標準偏差を計算することが一般の職場でも現実的になった。学校の「偏差値」が、何か高度な分析指標であるかのごとくもてはやされた。だが、生徒の成績は正規分布に従わないので、今からすれば質の悪い当てはめである。

同時期にパソコンも普及し始めると、手間のかかる順位づけが容易になり、質の高い分析結果を与える四分位数やパーセンタイルを使えるようになった。

今は、インターネットやスマートフォンが発達したおかげで、世の中の膨大なデータを採取し、一瞬のもとに分析し、可視化し、誰もがそれを利用するという時代になっている。そのつもりはない人でも、インターネット上にある膨大な候補のなかから商品を選んだりしている。そこでは標準偏差を経由する素朴な分析では歯が立たない。

データも、昔は1次元の数量データを扱っていた。それが、複数次元になり、超高次元になるにつれ疎になり、数量とは名ばかりのイチゼロの分布、つまり名義尺度と化した。現代の情報学研究では、動画やテキストデータといった多面的な解釈ができる複合データばかりが扱われている。観察対象には同じ個体などほとんど存在せず、むしろすべてが違うことにデータの豊かさの価値がある。

以上の変遷が、せいぜい40年ほどの短い期間に起きた。

「物事の平均と標準偏差を見よ」という定石が君臨していた時代が過ぎ去り、ビッグデータと多様性利用の時代に突入した。「平均に意味がある」という中央重視の一本化主義から「突き抜けた特徴をもつモノ・コト・ヒトを多様にそろえることに大きな利がある」という辺境重視で多様性尊重へと、大転換が起きている。学校で教えるべきデータサイエンスの技術も、大きく変えねばならない。本書はそのカリキュラムを示したものでもある。

さらに言えば、多様性を観察する統計テクニックを学ぶだけではだめで、戦略をもって事態を制御せねばならない。ある種が消滅するということは、統計上は「種数－1」に過ぎない出来事であるが、その種にとっては絶滅であり、その種に依存していた種にとっても大打撃である。多様性は、勝負や共存、安全保障を司る重大事であり、のんきに分析すべきものではない。本書が、戦略について紙面を割いた企図はそこにある。

参考文献

本文

[1] リー・アイアコッカ(著)、徳岡孝夫(訳):『アイアコッカ』、ダイヤモンド社、1985年。

[2] モーツァルト:『音楽サイコロ遊び』、全音楽譜出版社、2006年。

[3] Miller, G. & Madow, W. : "On the maximum likelihood estimate of the Shannon-Wiener measure of information", *Air Force Cambridge Research Center Technical Report 75*, pp.54-75. 1954.

[4] Good, J., "The Population Frequencies of Species and the Estimation of Population Parameters", *Biometrika* Vol. 40, No. 3/4, pp. 237-264. 1953.

[5] Fagan, R. M., Goldman, R. N. "Behavioural catalogue analysis methods", *Animal Behaviour 25*, pp.261-274, 1977.

[6] Morse, P. M., Kimball, G. E. : *Methods of Operations Research*, MIT Press, 1951.

[7] Creager, W. P., Justin, J. D., Hinds, J. : *Engineering for Dams, Volume I General Design*, John Wiley & Sons, 1945.

[8] 宮下直、井鷺祐司、千葉聡:『生物多様性と生態学』、朝倉書店、2012年。

[9] 佐々木雄大、小山明日香、小柳知代、古川拓哉、内田圭:『植物群集の構造と多様性の解析』、共立出版、2015年。

[10] 巌佐庸、松本忠夫、菊沢喜八郎(著)、日本生態学会(編):『生態学事典』、共立出版、2003年。

[11] Duverger, M. : *Political Parties*, Willy, 1954.

[12] Cox, G. W. : *Making Votes Count: strategic coordination in the world's electoral systems*, Cambridge University Press, 1997.

[13] E.E.ルイス(著)、成田正邦(訳):『原子炉の安全工学　下巻』、現代工学社、1986年。

[14] 令和元年5月21日日本学術会議 総合工学委員会 原子力安全に関する分科会:「報告書　我が国の原子力発電所の津波対策」、『学術の動向』、2019年7月。

[15] Armitage, P., Doll, R. : "The Age Distribution of Cancer and a Multi-Stage Theory Of Carcinogenesis", *British Journal of Cancer 8*, No.1, pp.1-12. 1954.

[16] Knight, J. C., Leveson, N. G. : "An experimental evaluation of the assumption of independence in multiversion programming." *IEEE Transactions of Softwere Engineering 12*, No.1, pp.96-109. 1986.

脚注

［1］『改訂新版 世界大百科事典（第6刷）』、平凡社、2014年。
［2］『広辞苑（第七版）』、岩波書店、2018年。
［3］『日本大百科全書』、小学館、1994年。
［4］『図書館情報学用語辞典（第5版）』、丸善出版、2020年。
［5］『現代用語の基礎知識（2019年版）』、自由国民社、2019年。
［6］『岩波 生物学辞典 第5版』、岩波書店、2013年。
［7］『集英社 世界文学大事典 1～6』、集英社、1996～1998年。
［8］『日本国語大辞典（第二版）』、小学館、2000年。
［9］『デジタル大辞泉』、小学館（年1回更新）。
［10］『プログレッシブ ビジネス英語辞典』、小学館、2009年。
［11］『法則の辞典』、朝倉書店、2006年。
［12］『旺文社 生物事典 ［五訂版］』、旺文社、2011年。
［13］『情報・知識 imidas 2018』、集英社、2018年。

※以上、『広辞苑（第七版）』以外の辞書類は、ネットアドバンス「ジャパンナレッジ」（https://japanknowledge.com/contents/personal.html）掲載の内容による。㈱ネットアドバンスが小学館グループであるためか、例えば、ジャパンナレッジ版『日本大百科全書』では定期的な情報更新・改訂作業がされており、また『デジタル大辞泉』は『大辞泉　第二版』（小学館、2012年）を底本とするコンテンツ（年1回定期更新）として提供されている。

※以上の辞書類は2021年1月時点での内容を参照している。

※脚注中の出典として明記したウェブサイトは2021年1月時点で閲覧した内容による。

索　引

【タ　行】

【ナ　行】

【ハ　行】

【マ　行】

【ヤ　行】

【ラ　行】

●著者紹介

中田　亨（なかた　とおる）

2001年、東京大学大学院工学系研究科先端学際工学専攻修了。博士（工学）。

現在、国立研究開発法人　産業技術総合研究所　人工知能研究センター　副連携研究室長。国際電気標準会議（IEC）の「ヒューマンファクターと機能安全」に関する規格検討グループ（TC65 AHG16）のメンバー。内閣府消費者安全調査委員会専門委員、中央大学大学院理工学研究科客員教授などを兼務。

研究テーマは、人工知能を活用した産業のデジタルトランスフォーメーション（DX）による安全の向上。特にヒューマンエラーの抑止を専門とし、事故を分析し、人間の弱点をカバーする人工知能の技術について研究開発を進めている。

【主な著書】
『防げ 現場のヒューマンエラー』（日科技連出版社）、『ヒューマンエラーを防ぐ知恵』（化学同人）、『速攻 理系のための卒業論文術』（講談社）、『超入門ヒューマンエラー対策』（日科技連出版社）など。

多様性工学

個性を活用するデータサイエンス

2021年2月28日　第1刷発行

検印省略

著　者　中　田　　　亨
発行人　戸　羽　節　文

発行所　株式会社　日科技連出版社
〒151-0051　東京都渋谷区千駄ヶ谷5-15-5
DSビル
電話　出版　03-5379-1244
営業　03-5379-1238

Printed in Japan

印刷・製本　㈱三秀舎

URL　https://www.juse-p.co.jp/

ISBN　978-4-8171-9732-0